东南交通·青年教师·科研论丛

能源隧道传热理论与应用

张国柱　谢勇利　刘晓华　曹诗定　王　伟　著

东南大学出版社
SOUTHEAST UNIVERSITY PRESS
·南京·

内容简介

能源隧道是一种崭新的地温能开发利用技术，其将传统地埋管地源热泵技术的热交换管路直接植入在隧道初衬与复合式防水板之间或衬砌管片内或隧道内其他部位内，与隧道围岩进行热交换，利用热交换管内的传热循环工质与围岩之间的温差提取隧道围岩中的地温能，经地源热泵提升后，实现隧道附近建筑的供热/制冷服务，并可用于寒区隧道的防冻加热，以及高岩温隧道的冷却降温。能源隧道具有承重和换热双重功能，解决了在城市中推广地源热泵技术的占地和成本高两个主要障碍，比传统空调系统节能30%以上。本专著共七章。第一章绪论，介绍了能源隧道概念及研究现状；第二章隧道围岩热物性原位测试方法；第三章隧道衬砌换热器传热现场试验；第四章隧道衬砌换热器传热模型试验；第五章隧道围岩地温能热传递理论模型及影响分析；第六章隧道衬砌换热器传热数值计算模型及性能分析；第七章能源隧道应用案例，介绍了国外和国内典型工程案例。

本书可作为隧道与地下工程、暖通工程、岩土与地质工程等专业从事地源热泵系统勘察、设计、施工、测试的技术和科研人员的参考书，也可以作为相关专业研究生学科交叉研究的教材。

图书在版编目(CIP)数据

能源隧道传热理论与应用/张国柱等著.—南京：东南大学出版社，2021.2

ISBN 978-7-5641-9361-4

Ⅰ.①能… Ⅱ.①张… Ⅲ.①地热能—资源开发—传热学—研究—中国 Ⅳ.①P314

中国版本图书馆CIP数据核字(2020)第265137号

能源隧道传热理论与应用

Nengyuan Suidao Chuanre Lilun Yu Yingyong

著　　者　张国柱　谢勇利　刘晓华　曹诗定　王　伟

出版发行　东南大学出版社

社　　址　南京市四牌楼2号　邮编：210096

出 版 人　江建中

责任编辑　丁　丁

编辑邮箱　d.d.00@163.com

网　　址　http://www.seupress.com

电子邮箱　press@seupress.com

经　　销　全国各地新华书店

印　　刷　江苏凤凰数码印务有限公司

版　　次　2021年2月第1版

印　　次　2021年2月第1次印刷

开　　本　787 mm×1 092 mm　1/16

印　　张　7.25

字　　数　137千

书　　号　ISBN 978-7-5641-9361-4

定　　价　58.00元

本社图书若有印装质量问题，请直接与营销部联系。电话(传真)：025-83791830

总　序

在东南大学交通学院的教师队伍中，40 岁以下的青年教师约占 40%。他们中的绝大多数拥有博士学位和海外留学经历，具有较强的创新能力和开拓精神，是承担学院教学和科研工作的主力军。

青年教师代表着学科的未来，他们的成长是保持学院可持续发展的关键。按照一般规律，人的最佳创造年龄是 25 岁至 45 岁，37 岁为峰值年。青年教师正处于科研创新的黄金年龄，理应积极进取，以所学回馈社会。然而，青年人又处于事业的起步阶段，面临着工作和生活的双重压力。如何以实际行动关心青年教师的成长，让他们能够放下包袱全身心地投入教学和科研工作中，这是值得高校管理工作者重视的问题。

近年来，我院陆续通过了一系列培养措施帮助加快青年人才成长。2013 年成立了"东南大学交通学院青年教师发展委员会"，为青年教师搭建了专业发展、思想交流和科研合作的平台。从学院经费中拨专款设立了交通学院青年教师出版基金，以资助青年教师出版学术专著。《东南交通青年教师科研论丛》的出版正是我院人才培养措施的一个缩影。该丛书不仅凝结了我院青年教师在各自领域内的优秀成果，相信也记载着青年教师们的奋斗历程。

东南大学交通学院的发展一贯和青年教师的成长息息相关。回顾过去十五年，我院一直秉承"以学科建设为龙头，以教学科研为两翼，以队伍建设为主体"的发展思路，走出了一条"从无到有、从小到大、从弱到强"的创业之路，实现了教育部交通运输工程一级学科评估排名第一轮全国第五，第二轮全国第二，第三轮全国第一的"三级跳"。这一成绩的取得包含了几代交通人的不懈努力，更离不开青年教师的贡献。

我国社会经济的快速发展为青年人的进步提供了广阔的空间。一批又一批青年人才正在脱颖而出，成为推动社会进步的重要力量。世间万物有盛衰，人生安得常少年？希望本丛书的出版可以激励我院青年教师更乐观、自信、勤奋、执着地拼搏下去，搭上时代发展的快车，更好地实现人生的自我价值和社会价值。展望未来，随着大批优秀青年人才的不断涌现，东南大学交通学院的明天一定更加辉煌！

王炜

2014 年 3 月 16 日

前　言

地热能是一种储量十分巨大的可再生清洁能源，在能源消费结构中，地热能利用每提高 1 个百分比，相当于替代标煤 3 750 万吨，减排二氧化碳约 9 400 万吨、二氧化硫约 90 万吨、氮氧化物约 26 万吨。能源隧道是一种崭新的地温能开发利用技术，将传统地埋管地源热泵技术的热交换管路直接植入在隧道初衬与复合式防水板之间或衬砌管片内或隧道内其他部位内，与隧道围岩进行热交换，利用热交换管内的传热循环工质与围岩之间的温差提取隧道围岩中的地温能，经地源热泵提升后，实现隧道附近建筑的供热/制冷服务，并可用于寒区隧道的防冻加热，以及高岩温隧道的冷却降温。能源隧道具有承重和换热双重功能，解决了在城市中推广地源热泵技术的占地和成本高两个主要障碍，比传统空调系统节能 30%以上。

作为新型地温能开发利用的能源隧道是近年来国际同行研究的热点，对于构建我国节能减排和可持续发展社会具有重要意义。在国家自然科学基金和江苏省自然科学基金的资助下，研究团队近 10 年聚焦能源隧道推广应用中亟待解决的关键科学与技术问题，研制了隧道围岩热物性原位测试设备，提出了岩土体热物性测试方法；开展了能源隧道模型试验与现场试验，揭示了能源隧道热传递机理；建立了能源隧道传热理论与数值计算模型，分析了能源隧道长期性能。上述成果可为推广我国能源隧道的应用提供重要的理论依据和技术支撑，具有广阔的应用前景。

本专著共七章。第一章绪论，介绍了能源隧道概念及研究现状；第二章隧道围岩热物性原位测试方法，包括岩土热响应原位试验，预钻孔热探头岩土传热原位测试和压入式热探头岩土传热原位测试；第三章隧道衬砌换热器传热现场试验，包括隧道贯通前的隧道衬砌换热器热响应试验和隧道贯通后的隧道衬砌换热器热响应试验；第四章隧道衬砌换热器传热模型试验，分析了通风和地下水渗流耦合作用下的隧道衬砌换热器传热特性；第五章隧道围岩地温能热传递理论模型及影响分析，理论推导隧道围岩地温能温度场解析解，分析了气温、隧道长度、埋深和保温结构对地温场的影响规律；第六章隧道衬砌换热器传热数值计算模型及性能分析，建立了隧道衬砌换热器传热三维数值计算模型,分析了通风和地下水渗流对其长期性能的影响规律;第七章能源隧道应用案例,介绍了国外和国内典型工程案例。

感谢恩师同济大学夏才初教授将我引入能源隧道这个崭新的研究领域和给予的指导;感谢东南大学刘松玉教授在研究过程中给予的指导和支持;同济大学邹一川和杨勇师弟协助现场试验,东南大学的张化林、张孟环、练炎坚和刘晨阳承担了室内模型试验,东南大学研究生李承霖、操子明、王维、戴明昊和梅雪松负责文稿编排,在此表示真诚的感谢!

本专著得到了中央高校基本科研业务费(2242020K40060)出版基金的资助,在此深表感谢!

本书可作为隧道与地下工程、暖通工程、岩土与地质工程等专业从事地源热泵系统勘察、设计、施工、测试的技术和科研人员的参考书,也可以作为相关专业研究生学科交叉研究的教材。

张国柱
2020 年 8 月于东南大学交通学院新大楼

目　录

总序

前言

1　绪论 …… 1

1.1　研究意义 …… 1

1.2　研究现状及发展趋势 …… 3

2　隧道围岩热物性原位测试方法 …… 8

2.1　岩土热响应原位试验 …… 8

2.1.1　试验原理 …… 8

2.1.2　试验设备 …… 9

2.1.3　试验流程 …… 12

2.1.4　岩土热物性参数计算方法 …… 14

2.2　预钻孔热探头岩土传热原位测试 …… 15

2.2.1　预钻孔热探头测试原理 …… 15

2.2.2　预钻孔热探头测试仪器 …… 16

2.2.3　预钻孔热探头测试方法 …… 19

2.3　压入式热探头岩土传热原位测试 …… 20

2.3.1　压入式热探头测试原理 …… 20

2.3.2　热导率计算模型 …… 21

2.3.3　压入式热探头测试方法 …… 23

2.3.4　现场测试对比分析 …… 23

2.4　小结 …… 24

3　隧道衬砌换热器传热现场试验 …… 26

3.1　隧道贯通前的热响应试验 …… 26

3.1.1 试验目的 …… 26
3.1.2 试验仪器及原理 …… 26
3.1.3 试验方案 …… 27
3.1.4 试验结果分析 …… 28
3.2 隧道贯通后的热响应试验 …… 31
3.2.1 试验方案 …… 31
3.2.2 试验结果分析 …… 33
3.3 小结 …… 38

4 隧道衬砌换热器传热模型试验 …… 39
4.1 通风和地下水渗流作用下的隧道衬砌热交换器热响应模型试验 …… 39
4.1.1 试验目的 …… 39
4.1.2 试验原理 …… 39
4.1.3 试验仪器 …… 39
4.1.4 模型试验箱和材料 …… 39
4.1.5 试验工况 …… 42
4.2 地下水渗流对隧道衬砌换热器传热的影响 …… 43
4.2.1 热交换管入口温度与围岩地温的温差对热交换量的影响 …… 43
4.2.2 地下水渗流对热交换量的影响 …… 43
4.2.3 地下水渗流对地温的影响 …… 45
4.2.4 地下水渗流对洞壁温度的影响 …… 47
4.2.5 热交换管布设形式对换热量的影响 …… 48
4.3 通风和地下水渗流耦合作用下的隧道衬砌换热器传热特性 …… 49
4.3.1 通风对出口温度的影响 …… 49
4.3.2 通风对围岩温度的影响 …… 51
4.3.3 通风作用下的衬砌与洞内空气耦合传热分析 …… 52
4.4 小结 …… 54

5 隧道围岩地温能热传递理论模型及影响分析 …… 55
5.1 考虑衬砌和隔热层的隧道围岩温度场解析解 …… 56
5.1.1 传热方程 …… 56
5.1.2 定解条件 …… 57
5.1.3 方程求解 …… 59

5.2 隧道内空气温度场的解析解 …… 64
5.2.1 年温度幅值的解析解 …… 64
5.2.2 年平均温度的解析解 …… 65
5.3 与现有的解析解及隧道温度场监测数据对比验证 …… 66
5.3.1 与张耀解析解及监测值对比 …… 67
5.3.2 与 Takumi 解析解及监测值对比 …… 68
5.4 隧道围岩地温场参数分析 …… 69
5.4.1 计算参数 …… 69
5.4.2 洞口气温对隧道围岩地温场的影响 …… 69
5.4.3 隧道长度对隧道围岩地温场的影响 …… 71
5.4.4 隧道埋深对隧道围岩温度场的影响 …… 72
5.4.5 洞内风速对隧道围岩地温场的影响 …… 73
5.4.6 隔热层厚度对隧道围岩地温场的影响 …… 74
5.5 小结 …… 75

6 隧道衬砌换热器传热数值计算模型及性能分析 …… 77
6.1 传热耦合模型 …… 77
6.2 模型求解及验证 …… 80
6.3 对流换热对隧道衬砌热工性能的影响 …… 82
6.4 地下水渗流速度对热交换器长期热交换效果的影响 …… 87
6.5 地下水渗流作用下的地温恢复特性 …… 89
6.6 小结 …… 91

7 能源隧道应用案例 …… 92
7.1 国外典型案例 …… 92
7.1.1 意大利都灵市地铁 1 号线能源隧道案例 …… 92
7.1.2 奥地利能源隧道案例 …… 95
7.1.3 德国能源隧道案例 …… 96
7.2 国内典型案例 …… 97
7.3 小结 …… 99

参考文献 …… 101

1 绪　论

1.1 研究意义

随着国民经济快速发展、人民生活水平不断提高，能源需求和消耗急剧增加、环境污染严重，“气候变暖”和“雾霾天气”更是趋向常态化和严峻化。为此我国《“十三五”节能减排综合工作方案》提出，到2020年，全国万元国内生产总值能耗比2015年下降15%，能源消费总量控制在50亿吨标准煤以内。全国化学需氧量、氨氮、二氧化硫、氮氧化物排放总量分别控制在2 001万t、207万t、1 580万t、1 574万t以内，比2015年分别下降10%、10%、15%和15%。推进利用太阳能、地热能等解决建筑用能需求，公共机构率先使用太阳能、地热能、空气能等清洁能源提供供电、供热/制冷服务。

地热能是一种储量十分巨大的可再生清洁能源，据估算，地热能的总量相当于地球内部埋藏的全部煤炭释放出来的热能的1.4亿倍[1]。在能源消费结构中，地热能利用每提高1个百分比，相当于替代标煤3 750万t，减排二氧化碳约9 400万t、二氧化硫约90万t、氮氧化物约26万t。地温能是地层中温度小于25 ℃的浅层地热能，我国已测得的地温能分布层深度在10～40 m之间（见图1.1），其温度与当地的年平均温度相当，具有分布广、可再生、储量大等诸多特点。

地源热泵技术是利用地球表面浅层土壤中的地温能作为冷（热）源，实现建筑物冬季供暖、夏季制冷的一种高效、环保的节能技术[2]。传统的垂直和水平地埋管地源热泵技术存在占地大（地下空间）、成本高等问题，在城市地区和经济发达地区应用经常受到限制。能源隧道是一种将传统地埋管地源热泵技术的热交换管路直接植入隧道衬砌结构内的新型地温能开发利用技术，利用隧道衬砌内的热交换管路提取隧道围岩内的地温能，经地源热泵提升后，实现隧道附近建筑的供热/制冷服务（见图1.2），具有传热效果好、占地少、成本低等显著优点，解决了在城市中推广地源热泵技术的占地和成本高两个主要障碍，比传统空调系统节能30%以上[3-4]。

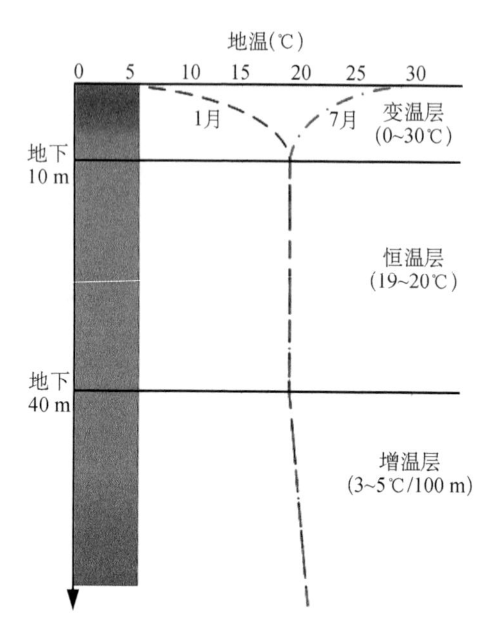

图 1.1　地温时空分布示意图

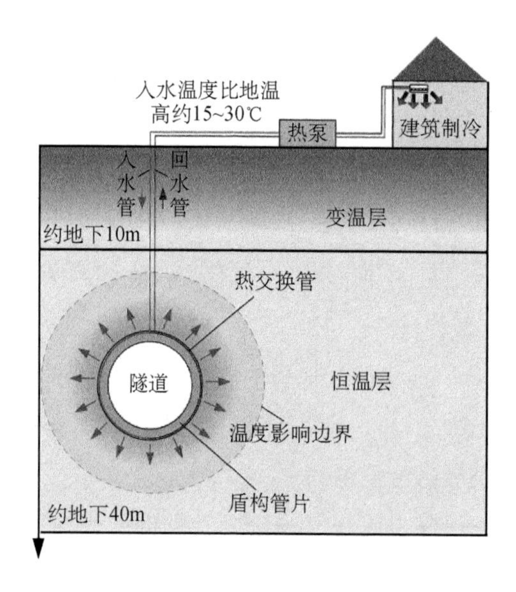

图 1.2　能源隧道夏季制冷工作原理图

"十四五"期间，我国将大力实施"交通强国"国家发展战略，借助交通隧道与地下空间工程开发建设大发展的有利契机，该项节能技术在我国有着巨大的发展潜力和广泛的应用前景。以深圳地铁为例，至 2030 年深圳市将建设 16 条地铁线路，新建里程近 600 km，借鉴能源隧道换热量 20～50 W/m^2 的经验值，保守估计深圳地铁在建线路可提供约 2.16×10^8 W 的热量，深圳市正在大力推进"地铁＋物业"一体化开发建设，为能源隧道技术提供了广阔的应用前景。能源隧道技术应用领域广阔，在城市地下综合管廊、城市地铁车站、城市市政管道、城市地下综合体、河道治理工程和临海地下工程均能应用，还可应用于公路和铁路隧道工程，具有广阔的应用领域。

1.2 研究现状及发展趋势

近十几年来，随着全球经济的快速发展，各国的节能环保意识逐渐加强，开发利用新能源是全球可持续发展的必然趋势，地热能作为新能源的一种，它的综合利用得到各个国家越来越多的青睐。同时，地下空间的强劲发展给能源地下结构的出现和发展创造了巨大的条件，能源地下结构可创造显著的经济效益、社会效益和环境效益，在全球范围内有着巨大的发展潜力和广泛的应用前景。

能源隧道是能源地下结构的一种重要的形式，当前能源隧道的研究、发展和应用得到了国内外广大研究学者的热切关注。将地源热泵系统与隧道工程相结合的技术称为能源隧道技术。对于能源隧道，隧道的围岩可以作为一种地热能的来源，地埋管换热器可以安排在隧道不同位置，从隧道围岩中提取能量或将能量排入到隧道围岩中，从而可以实现加热或冷却隧道地下结构和隧道上部邻近建筑的目的。到目前为止，能源隧道技术已经在很多国家如奥地利、德国、意大利、中国、韩国等国家得到了发展和实际应用[4-12]。不同能源隧道的地埋管换热器的种类如图 1.3 所示，根据地埋管换热器安装在能源隧道的不同位置可以分为四种类型：安装在隧道仰拱上（见图 1.3(a)）；安装在预制隧道管片衬砌内（见图 1.3(b)）；安装在隧道初衬和二衬之间的位置（见图 1.3(c)），以及安装在隧道的能源土工布中（见图 1.3(d)）。

在能源隧道研究和发展的过程中，国外在这方面做出贡献比较突出的有奥地利维也纳技术大学 H. Brandl 教授的团队。H. Brandl 教授[4]首先在明挖法隧道中进行了能源隧道技术的试验，这是奥地利政府资助的一项示范工程，该试验工程用六台地源热泵将提取的地热能为附近一所学校供暖。初步计算结果表明，在长期供暖的情况下，该试验工程能提供 150 kW 功率的热能，一个供暖季度可提供 2.14×10^5 kWh 的能量。从而可使天然气的使用量每年减少 34 000 m^3，二氧化碳排放量每年减少 30 t，与传统的靠燃烧天然气供暖的方式比较，可使学校用作取暖的费用每年降低 10 000 美元。在明挖法隧道中进行的能源隧道技术试验取得成功以后，D. Adam 和 R. Markiewicz[5]在奥地利 Lainzer 隧道 LT22 区修建了另一个能源隧道的试验段中首次使用了能源土工布，能源土工布布置在初期支护与二次衬砌之间，既可以作为热交换构件，也可以作为防水材

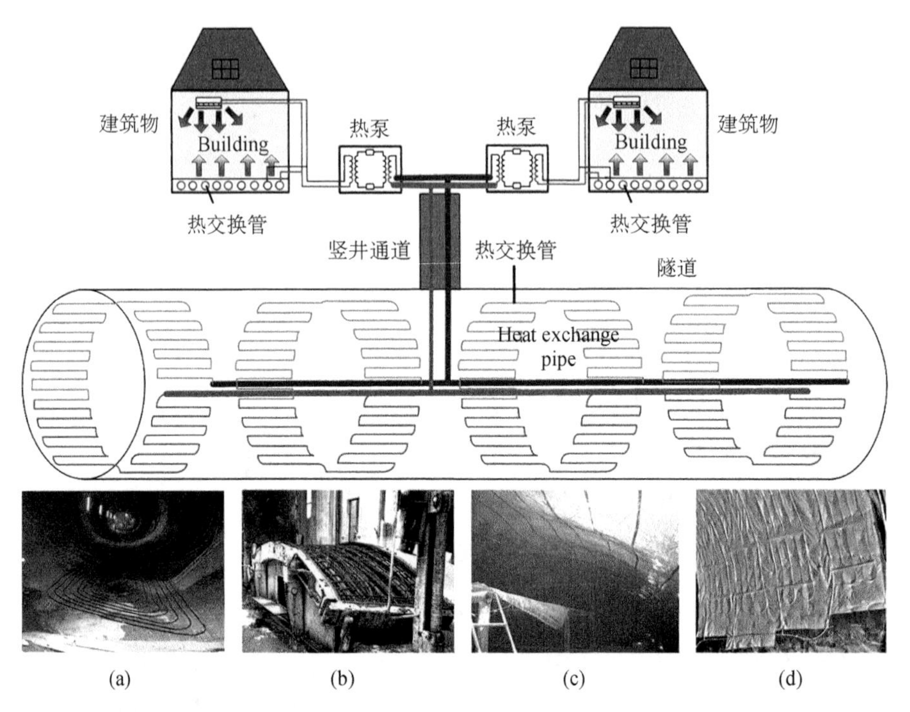

图 1.3 能源隧道中不同类型的地埋管换热器的示意图：(a) 安装在隧道仰拱上；(b) 安装在预制隧道管片衬砌内；(c) 安装在隧道初衬和二衬之间的位置；(d) 安装在隧道的能源土工布中[4, 5, 7, 9, 10]

料。能源土工布的出现大大加快了施工进度，并且能源土工布安装在隧道内取得较好的取暖和制冷的双重效果。Jan Niklas Franzius 和 Norbert Pralle[6]研究结果表明，新型带换热器的衬砌管片隧道系统在德国的某个 TBM 掘进隧道中成功地应用并取得了良好的效果。此外，Stephan Frodl 等[13]研究将这种新型带换热器的衬砌管片隧道系统应用在奥地利的一个高速铁路 Jenbach 隧道上。M. Barla 等[7, 14]在意大利都灵地铁隧道现场进行了试验，分析了意大利都灵地铁 1 号线南延段隧道热交换器管片衬砌应用的可行性，研究结果表明，地下水流条件可以提高能源隧道的热性能和效率。配有热交换器管片衬砌的能源地铁隧道的示意图如图 1.4 所示。之后，A. Insana 和 M. Barla[15]的研究结果表明，地下水流方向和流速都会对能源地铁隧道的热性能和效率产生明显影响。Benoît Cousin 等[16]研究发现各种参数，如热交换管的布局、管径、管间距、循环流体流速（雷诺数表示）和管道埋深（管道埋深是指隧道衬砌内弧面到管道位置的距离与衬砌厚度的比值）均会对能源隧道热性能产生一定的影响。Chulho Lee 等[11, 17]通过进行现场热响应试验和数值模拟来分析和评估不同参数对隧道能源土工布热性能的影响，发现热交换管道的布局、喷射混凝土和衬砌的热导率、隧道内空气温度、热循环、冷循环和排水层均对隧道能源土工布热性能产生不同程度的影响。Oluwaseun Ogunleye 等[18]通过研究发现合理的间歇运行模式和隧道内空气温度会影响能源隧道的热效率。此外,不同的运行模式也会影响周围土体的温度热恢复特性。张国柱等[8-10, 19-25]通过现场试验、室内模型试验、数值模拟和理论分析等方法来评价不同的因素(如循环流体入口温度、流速、换热器的管间距、通风条件和地下水渗流情况)对能源隧道的换热性能的影响。表 1.1 给出了以往文献中关于能源隧道地埋管换热器的换热性能的详细研究成果。这些研究成果为后续学者和工程师对能源隧道换热性能的进一步研究和能源隧道在实际工程中的推广应用提供了坚实的理论基础和实践经验。

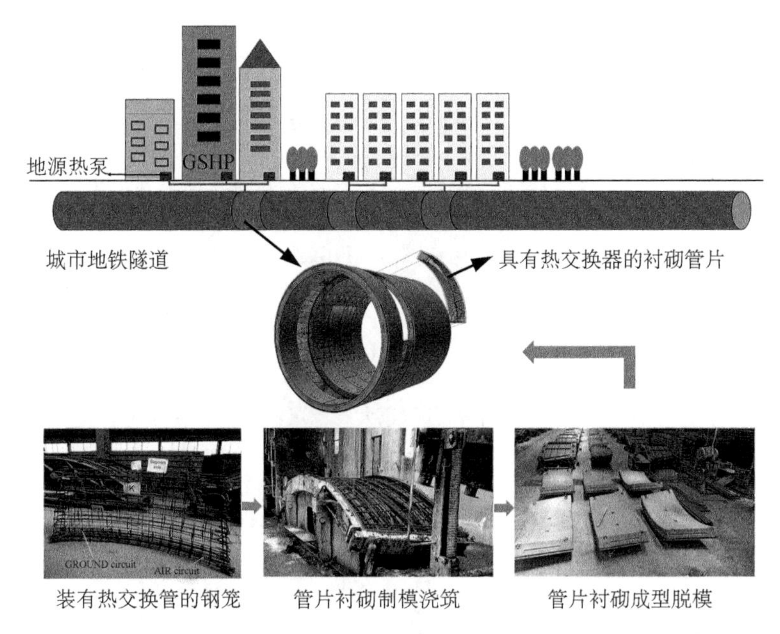

图 1.4 配有热交换器管片衬砌的能源地铁隧道的示意图[6, 7]

表 1.1 能源隧道地埋管换热器的换热性能研究成果

文献来源	研究方法	研究成果
张国柱等[8, 22]	现场热响应试验	● 循环流体进水温度每升高 1 ℃,每延方米围岩换热量增加2.494 W/m;随着流量的增加,从 0.487 m^3/h 增加到 1.25 m^3/h,热流量呈指数增长趋势。 ● 选择合适的流量对改善能源隧道换热器的传热性能至关重要。 ● 运行 10 小时、20 小时、30 小时和 40 小时,热交换管的管间距为 50 cm 的换热能力优于管间距为 100 cm 时;50 cm 管间距的每延方米围岩换热量分别为 46.92 W/m、45.25 W/m、42.87 W/m 和 37.84 W/m;100 cm 管间距的每延方米围岩换热量分别为 34.57 W/m、33.97 W/m、32.98 W/m和 32.51 W/m

续表1.1

文献来源	研究方法	研究成果
C. Lee 等[11]	现场热响应试验；数值模拟	● 与安装在隧道混凝土衬砌中心位置的地埋管换热器相比，安装在靠近隧道壁面处的地埋管换热器热效率提高约 31%。 ● 能源隧道热交换管的螺旋式、横向和纵向的不同布局方式具有相似的热效率。 ● 喷射混凝土和隧道衬砌混凝土较高的热导率可以提高能源土工布的热性能
G.Z.Zhang 等[20]	现场热响应试验；数值模拟	● 通风条件会对能源隧道地埋管换热器和隧道围岩的温度分布特性产生明显影响。 ● 对流换热系数的增大可提高能源隧道地埋管换热器的换热能力。 ● 热交换率随隧道二次衬砌厚度的减小而增大
G.Z.Zhang 等[21]	模型试验	● 通风可以提高能源隧道的换热能力，围岩温度和地下水渗流也会影响其换热能力。 ● 在围岩温度较高、地下水流速较低的条件下，风速对能源隧道换热能力的影响更为明显。 ● 隧道换热管的合适安装位置是地下水流场的上游区域，这样可以获取更多的地热能
M. Barla 等[14]	数值模拟	● 由于意大利都灵市存在有利的地下水流动条件，每平方米围岩换热量为 53 W/m^2，比奥地利（14 W/m^2）和德国（20 W/m^2）的取热量要大。 ● 地下水流可有效地提高取热量和放热量
A. Insana and M. Barla[15]	现场热响应试验；数值模拟	● 随着流量的增加，热流量呈增大趋势。 ● 在冬季时，每平方米围岩换热量为 47～52.5 W/m^2，在夏季时，每平方米围岩换热量为 60.5～66.4 W/m^2。 ● 当地下水流方向从 0°变化到 45°时，能源隧道的热性能明显增强，而地下水垂直流与斜流相比，其热性能改善不大
B. Cousin 等[16]	案例研究；数值模拟	● 当热交换管直径为 20 mm，管间距为 200 mm 时，垂直于隧道轴线的换热器提取的每平方米围岩换热量比平行于隧道轴线的换热器增加了 6%。 ● 随着管直径由 32 mm 减小到 20 mm，管间距由 300 mm 减小到 200 mm，垂直于隧道轴线的换热器提取的每平方米围岩换热量提高了 14.95%。 ● 当管道埋深为 0.5 时，雷诺数从 6 000 增加到 9 000 和从 6 000 增加到 12 000，能源隧道换热器提取的每平方米围岩换热量分别增加了 8.43%和 13.46%。 ● 当雷诺数为 12 000 时，随着管道埋深从 0.75 降到 0.5，提取的每平方米围岩换热量提高了 19.46%

续表1.1

文献来源	研究方法	研究成果
C. Lee 等[17]	现场热响应试验；数值模拟	● 在加热循环和制冷循环条件下，循环流体的入口温度与隧道内空气温度的平均温差分别为 2.9 ℃和 9.2 ℃。 ● 隧道内空气温度会影响能源土工布的热性能，因此在能源土工布设计时需要考虑隧道内空气温度的影响。 ● 在隧道内未安装排水层的情况下，能源隧道的换热率提高约 8%。 ● 能源隧道在制冷工况条件下换热量可达到最高，为 558.4 W/m^2，在加热工况条件下换热量可达到最低，为 58.2 W/m^2
O. Ogunleye 等[18]	数值模拟	● 90 天的运行时间后，与连续运行模式相比，间歇运行模式(8 小时运行，16 小时关闭)的平均换热量提高了一倍以上。 ● 1 天的运行时间后，在 8 小时运行和 16 小时关闭、12 小时运行和 12 小时关闭以及 16 小时运行和 8 小时关闭的不同间歇运行模式下，平均换热量分别为 120 W/m^2、114 W/m^2 和 108 W/m^2，连续运行模式下平均热流量为 101 W/m^2。 ● 对于间歇运行模式(8 小时运行，16 小时关闭)，周围土体的地温热恢复速率比其他运行模式要快。 ● 平均换热量随着隧道内空气温度的降低呈下降趋势
G.Z.Zhang 等[10]	模型试验	● 地下水渗流是提高能源隧道换热性能的一个重要参数。 ● 当地下水流速度大于 1×10^{-5} m/s 时，围岩温度可以得到较好的恢复。 ● 当系统运行了 8 小时，地下水流速从 1×10^{-4} m/s 变化到 5×10^{-4} m/s，当循环流体入口温度与地温的温差分别为 6.7 ℃、11.6 ℃和 16.7 ℃时，热流量分别增加 9.8%、9.78%和 4.67%

2 隧道围岩热物性原位测试方法

2.1 岩土热响应原位试验

2.1.1 试验原理

岩土热响应试验仪可用于测试岩土体的综合导热系数、热扩散率及单位孔深换热量。图 2.1 为岩土热响应测试试验原理图。

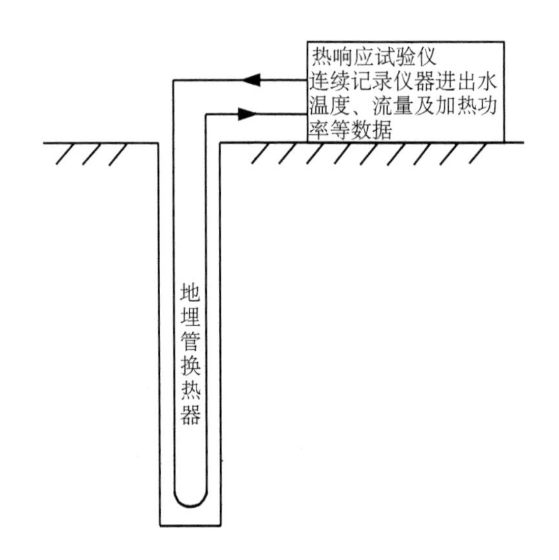

图 2.1 岩土热响应测试试验原理图

岩土体的综合导热系数和热扩散率通过恒功率法(恒热流法)热响应试验测试。当采用恒定功率的电加热器对水箱内的水进行加热时,由热交换管的水温变化曲线,可求得土壤的综合导热系数和热扩散率。目前,世界各国基本上都采用恒功率法测试岩土体的综合导热系数和热扩散率,国际地源热泵协会(IGSHPA)标准、美国采暖制冷与空调工程师协会(ASHRAE)手册及我国的《地源热泵系统工程技术规范》(GB 50366—2009)都推荐这一方法。

单位孔深换热量是指热交换管进水温度在“稳定”状态下每米钻孔的换热量，一般通过恒温法热响应试验测定。恒温法测试的持续时间一般为 48～72 h，但是在这段时间内地源热泵系统无法达到稳定。同时恒温法测试时进水温度为恒定值，这与实际运行时的工况也有一定的区别，因此，采用恒温法测得的单位钻孔换热量不能直接作为系统设计的依据。但是，若规定一个统一的试验时间，可以对不同场合的试验数据进行相互比较和类比分析。同时，通过在地下结构或周围土层内布置温度测点，根据测点温度的变化可以反演地下结构及周围土层的热物性参数，可用于地源热泵系统长期运行性能的计算。

2.1.2 试验设备

岩土热响应试验仪由基本设备元件、检测元件及数据采集系统三个部分组成，图 2.2 为岩土热响应试验仪实物图，图 2.3 是岩土热响应试验仪结构示意图，其中图 2.3(a)为放热工况岩土热响应试验仪结构示意图，图 2.3(b)为取热工况岩土热响应试验仪结构示意图。

基本设备元件包括：主水箱（电加热器）、循环水泵、温控器、流量控制阀、地埋热交换管及连接管段若干。做取热试验时，需要外接空调机及承压式水箱。检测元件包括去回路温度传感器及流量传感器。做取热试验时，需要额外安装承压式水箱出口温度传感器。数据采集显示系统采用无纸记录仪。

图 2.2 岩土热响应试验仪实物图

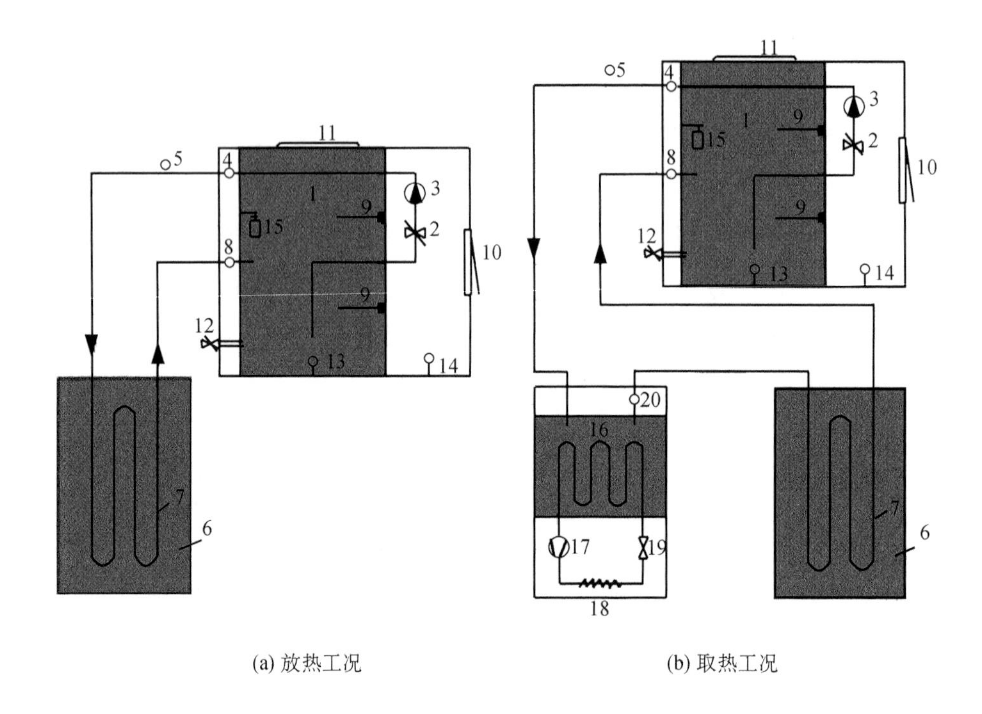

图 2.3　岩土热响应试验仪结构示意图

1.控温交换水箱;2.流量控制阀;3.主循环水泵;4.去路温度传感器;5.流量计;6.地层;7.热交换管;8.回路温度传感器;9.电加热器;10.控制面板;11.补水孔;12.排水口;13.水箱温度传感器;14.环境温度传感器;15.浮球开关;16.承压式水箱;17.压缩机; 18.冷凝器;19.节流阀;20.空调机去路温度传感器

温控器可根据设定的温度调节电加热器及制冷系统的工作状态,使主水箱内获得测试所需的水温。在循环水泵的驱动下,主水箱内的水依次流经布设在热交换管入口端的温度传感器和流量计后,流入热交换管换热器,与地下岩土体进行热交换,再流经布置在热交换管出口端的温度传感器后流回到主水箱。

检测元件包括温度检测元件和流量检测元件。温度检测元件为插入式热电阻传感器,该传感器布置在主水箱的出入口处、水箱内部及测试仪器内部。温度传感器的测试范围为−50 ℃~100 ℃,测量精度 0.5 级。流量检测元件为电磁式流量计,测量范围为 0~3 m^3/h,精确度 0.5 级。

测试仪采用 4 个电加热器,每个电加热器的功率分别为 6 kW、3 kW、2 kW、1 kW,从而实现加热功率在 0~12 kW 可调,图 2.4 为岩土热响应试验仪机组状态界面示意图,图 2.5 为岩土热响应试验仪控制界面示意图。

数据采集与监控系统采用无纸记录仪,可每 2 s 一次自动采集热交换管进水温度、回水温度、水泵流量、水箱温度和环境温度。数据采集系统有足够的存储空间,在突然

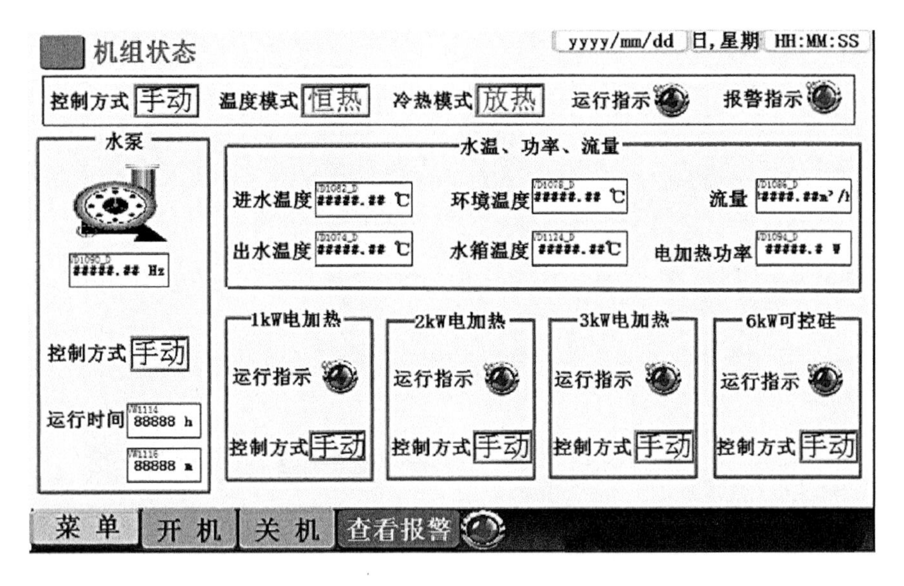

图 2.4　岩土热响应试验仪机组状态界面示意图

运行设置
yyyy/mm/dd 日,星期 HH:MM:SS

模式、温度	功率	电加热调节
模式、温度 放热	恒热功率 #####.## W	温差设定 #####.##℃
恒热/恒温 恒热	流量调节	温差P #####.##
恒温出水设置 #####.## ℃	流量设定 #####.## m³/h	温差I #####.##
加载温差 #####.## ℃	流差设定 #####.## m³/h	手机APP操作
减载温差 #####.## ℃	流量P #####.##	已开启
开机温差 #####.## ℃	流量I #####.##	开启 禁止
停机温差 #####.## ℃	运行时间清零: OFF	

菜 单　开 机　关 机　查看报警

图 2.5　岩土热响应试验仪控制界面示意图

断电的情况下测试数据也不会丢失，做到无人守候，U 盘读取数据，图 2.6 为岩土热响应试验仪数据读取界面示意图。

测试仪带有相序保护装置，能够防止在接线过程中由于相序接错而损坏机器。测试仪还带有缺水保护装置，当由于意外情况使控温交换水箱中的水位低于警戒水位时，系统会自动断电，并发出警报，防止电热器干烧而损坏设备，图 2.7 为岩土热响应试验仪警报界面示意图。

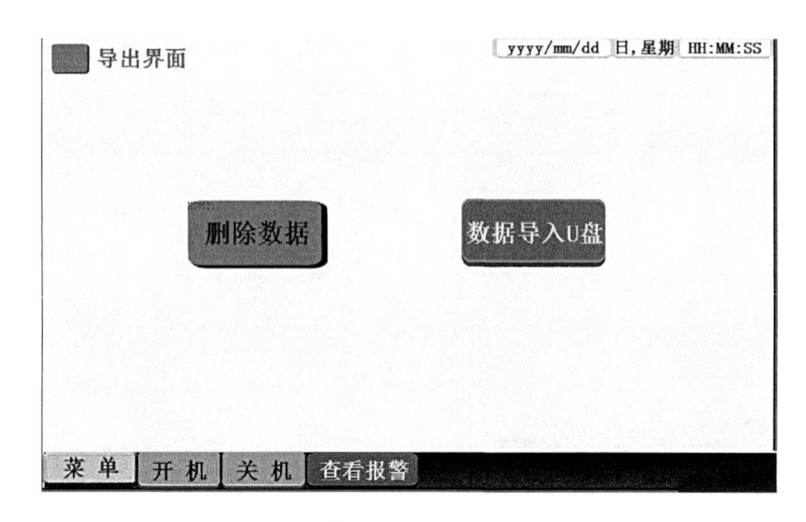

图 2.6　岩土热响应试验仪数据读取界面示意图

实时报警　yyyy/mm/dd　日,星期　HH:MM:SS

报警时间	序号	现值	报警内容
2016-10-25 12:30:40	Alarm1	20	Alarm1 Text
2016-10-25 12:30:40	Alarm2	21	Alarm2 Text

报警复位

菜 单　开 机　关 机　查看报警

图 2.7　岩土热响应试验仪警报界面示意图

2.1.3　试验流程

1）测试总流程

岩土热响应试验仪可用于测试土壤综合导热系数、热扩散率及单位孔深换热量。热响应试验在测试孔完成并放置至少 48 h 以后进行，测试孔的深度与实际工程中使用的孔相一致，测试过程遵循下列步骤：

（1）制作测试孔；

（2）平整测试孔周边场地，提供水电接驳点；

（3）岩土体热响应测试仪与测试孔的管道连接；

(4) 水电等外部设备连接完毕后,对测试设备本身以及外部设备的连接再次进行检查;

(5) 启动电加热、水泵等试验设备,待设备运转稳定后开始读取记录试验数据;

(6) 岩土热响应试验过程中,做好对试验设备的保护工作;

(7) 提取试验数据,分析计算得出岩土综合热物性参数;

(8) 测试试验完成后,对测试孔做好防护工作。

2) 恒功率法测试流程

采用恒功率法测试时,采用温度控制器调节电加热器 9 的工作状态,使得电加热器 9 的制热功率维持恒定状态并对控温交换水箱 1 进行加热。在主循环水泵 3 的驱动下,控温交换水箱 1 内的循环水依次流经去路温度传感器 4、流量计 5 后,进入热交换管 7 与地下岩土体 6 进行热交换,再流经回路温度传感器 8 后流回到控温交换水箱 1,从而完成循环水主循环。

3) 恒温法测试流程

恒温法测试单位孔深换热量可分为冬季和夏季两种工况,在测试时需分别遵循以下操作:

(1) 进行夏季制冷工况测试时,采用温度控制器调节电加热器 9 的工作状态,使控温交换水箱 1 内获得测试所需的恒定水温。在主循环水泵 3 的驱动下,控温交换水箱 1 内的循环水依次流经去路温度传感器 4、流量计 5 后,进入热交换管 7 与地下岩土体 6 进行热交换,再流经回路温度传感器 8 后流回到控温交换水箱 1,从而完成循环水主循环。

(2) 进行冬季制热工况测试时,需要开启制冷系统。制冷系统中的氟利昂在承压式水箱 16 中的盘管中蒸发成低温、低压的蒸气,然后进入压缩机 17,被压缩机 17 压缩成高温、高压的蒸气后进入冷凝器 18 冷凝成高温液体,再流经节流阀 19 后回到储冷水箱 16 中的盘管中,完成辅助循环(氟利昂循环)。氟利昂在盘管中蒸发,能够不断带走储冷水箱中的热量,降低承压式水箱 16 中的水温。承压式水箱 16 中的水来源于控温交换水箱 1,在主循环水泵 3 的驱动下,控温交换水箱 1 内的循环水依次流经去路温度传感器 4、流量计 5 后,进入承压式水箱 16,冷却后,流经空调机去路温度传感器 20,进入热交换管 7 与地下岩土体 6 进行热交换,再流经回路温度传感器 8 后流回到控温交换水箱 1,从而完成循环水主循环。

4) 测试注意事项

岩土热响应试验测试现场需提供稳定的电源,具备可靠的测试条件;在对测试设备进行外部连接时,应遵循先接水后接电的原则。

热交换管连接时减少弯头、变径,连接管外露部分应保温,保温层厚度不应小于 10 mm。岩土热响应测试过程应遵守国家和地方有关安全、劳动保护、防火、环境保护等方面的规定。

在输入电压稳定的情况下，加热功率的测量误差不大于±1%；流量的测量误差不大于±1%；温度的测量误差不大于±0.2%。

岩土体热响应试验过程应符合下列要求：

(1) 岩土热响应试验应连续不间断，持续时间不宜少于 48 h；

(2) 地埋热交换管的出口温度稳定后，与岩土初始平均温度的温差在 5 ℃以上且维持时间不少于 12 h；

(3) 地埋热交换管内流速不应低于 0.2 m/s，试验数据读取和记录的时间间隔不大于 10 min。

2.1.4 岩土热物性参数计算方法

1) 综合导热系数和热扩散率

对恒功率法测试过程的进水温度 T_{in} 和出水温度 T_{out} 求均值可得加热状态下环路平均温度 T_f，通过 Origin 软件绘制 T_f 关于时间对数 $\ln t$ 变化的曲线图，然后对该曲线进行线性拟合可求得直线斜率 a 和截距 b，测试仪运行过程中加热功率会有小幅波动，将整个测试过程的加热功率平均值作为恒定功率的指标，以该指标除以测试孔的埋深即可得到线热源单位长度所释放的热量 q_l，然后根据式(2.1)可求得岩土体的综合导热系数 λ_s；再根据公式(2.2)求得岩土体的热扩散率 a_s。

岩土体综合导热系数：

$$\lambda_s = \frac{q_l}{4\pi a} \tag{2.1}$$

热扩散率：

$$a_s = \exp\left(\frac{4\pi\lambda_s b}{q_l} - \frac{4\pi\lambda_s T_0}{q_l} - 4\pi\lambda_s R_b + \gamma\right) \times \frac{d_b^2}{16} \tag{2.2}$$

式中：T_0——土壤初始温度，K；

R_b——钻孔内热阻，m·K/W；

γ——欧拉常数，近似值为 0.57722；

d_b——钻孔直径，m。

2) 单位孔深换热量

采用 Origin 软件绘制恒温法测试过程的进水温度 T_{in} 和出水温度 T_{out} 对时间 t 变化的曲线图，选出进水温度 T_{in} 和出水温度 T_{out} 对时间 t 变化稳定之后的数据，然后分别对该稳定段的进水温度 T_{in}、出水温度 T_{out} 及水流量 v 求取平均值，以相应的平均值作为进水温度 T_{in} 和出水温度 T_{out} 的指标，再通过公式(2.3)和(2.4)求出单位孔深的换热量。

地埋管的总换热量：

$$Q=\rho v c_M (T_{out}-T_{in}) \tag{2.3}$$

式中：Q ——总换热量，W；

v ——循环水流量，m^3/s；

T_{out} ——流出热交换管的水温，℃；

T_{in} ——流入热交换管的水温，℃；

ρ ——流体的密度，kg/m^3；

c_M ——流体的比热容，J/(kg·℃)。

单位孔深换热量：

$$q=Q/H \tag{2.4}$$

式中：q——单位孔深的换热量，W/m；

H——钻孔有效深度，m。

2.2 预钻孔热探头岩土传热原位测试

岩土热响应试验可以准确反映施工现场的地质条件，能够得到较准确的土壤平均热传导系数和钻孔热阻等，但岩土热响应试验无法获得指定深度处岩土体的热物性参数。基于上述不足，研发了预钻孔热探头，可根据需要测试任一深度处的岩土体热物性参数。

2.2.1 预钻孔热探头测试原理

预钻孔热探头测试原理是基于无限长线热源模型和预钻孔旁压器的工作原理。将热传导探头放入预钻孔内，向热传导探头内注入恒定温度的循环液体，使热传导探头的橡胶膜沿径向膨胀，与周围岩土体紧密接触；同时，循环液体在热传导探头内循环流动，持续加热周围岩土体。通过布设在热传导探头橡胶膜外壁的温度传感器，可获得该深度处孔壁温度随时间变化的数据，利用作图软件绘制出孔壁温度 T_b 关于加热时间对数 $\ln t$ 变化的图线，对 T_b-$\ln t$ 图线的稳定段进行直线拟合，得出直线斜率 K，将 K 代入公式(2.5) 中可求得岩土体综合导热系数 λ_s。

$$\lambda_s = q_l \cdot \frac{1}{4\pi K} \tag{2.5}$$

式中：q_l 为循环液体单位长度的热流量，由公式(2.6)计算得出：

$$q_l = \frac{cm\Delta T}{H} \tag{2.6}$$

式中：c 为液体的比热容，J/(kg・℃)；m 为单位时间内管路内通过的液体质量，kg/s；ΔT 为液体进出口管路的温度差，取温差稳定时的值，℃；H 为热传导探头的高度，m。

将 q_l 通过式(2.6) 计算得出后代入式(2.5)，即可计算出所测试岩土体的综合导热系数 λ_s。

2.2.2 预钻孔热探头测试仪器

预钻孔热探头测试设备由热传导多功能旁压器、一体化转换控制装置、压力系统和控温系统构成。热传导多功能旁压器和一体化转换控制装置由同轴导压管连接，压力系统和温控系统分别通过压力管与一体化转换控制装置连接。

预钻孔热探头测试设备的整体示意图和实物图分别如图 2.8 和图 2.9 所示。

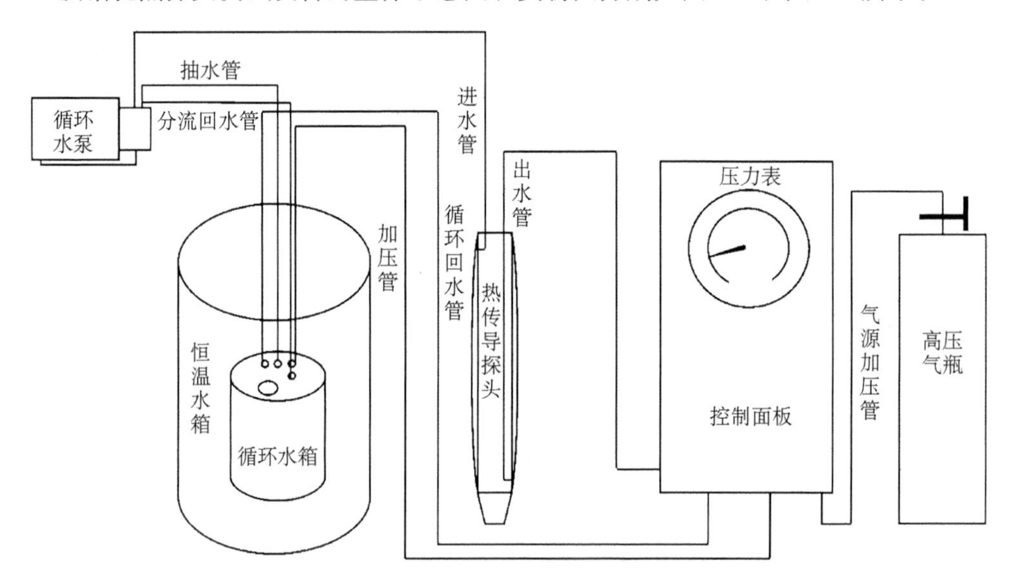

图 2.8　预钻孔热探头测试设备整体示意图

1) 热传导多功能旁压器

热传导多功能旁压器整体呈圆柱形状。外层为特制弹性膜，为液压单腔式。内部为 2 层中空的优质不锈钢层，2 层不锈钢层构成保温腔结构，保温腔内装有保温填充物。热传导多功能旁压器结构示意图如图 2.10 所示。

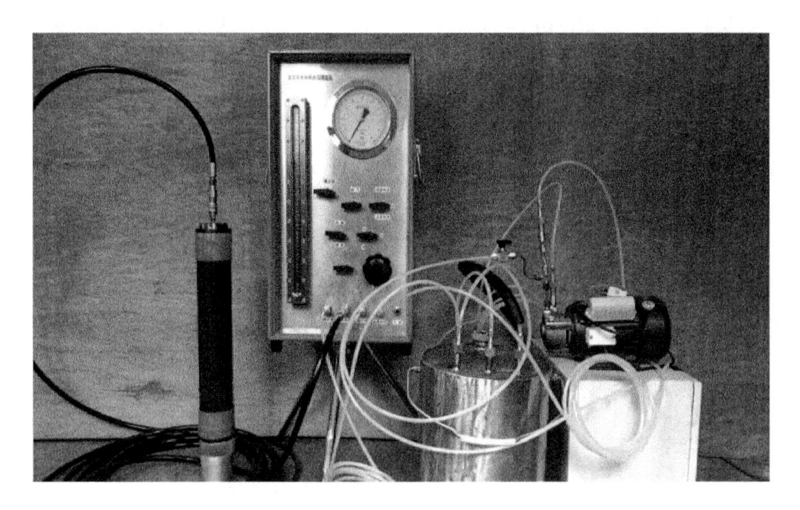

图 2.9　预钻孔热探头测试设备实物图

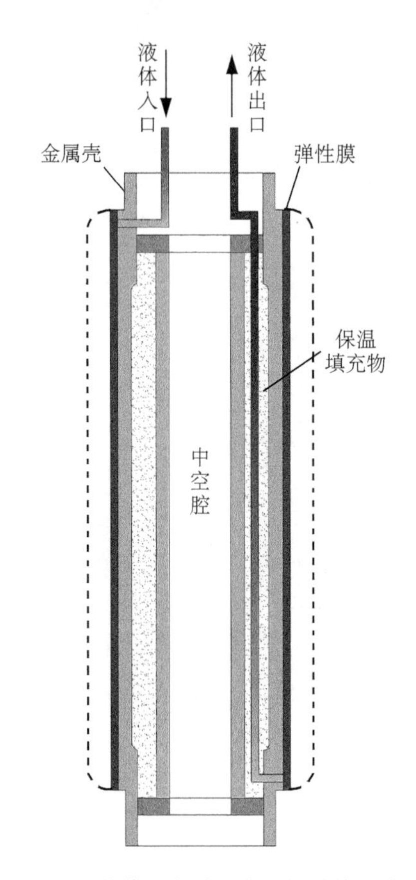

图 2.10　热传导多功能旁压器结构示意图

热传导多功能旁压器是在 PM-1 型旁压器基础上改造而成的，在 PM-1 型旁压器空腔内壁增加了一个保温腔结构，腔内装有保温填充物，循环液体出水管包含在此保温腔结构内。改造后的旁压器内可注入循环传热介质，通过压力控制系统，传热介质可循环流动。由于保温腔的保温作用，预钻孔热探头测试设备在测试时可保证温度不受中空腔内环境温度的影响，从而提高测试过程的稳定性和测试结果的准确性。

2）一体化转换控制装置

一体化转换控制装置集成为一体化控制箱，包含目测管、精密压力表、阀门（阀 1～7）和接口（接口 1～5），一体化转换控制装置如图 2.11 所示。其中：阀 1 控制循环液体流入；阀 2 控制循环液体流出；阀 3 控制试验加压和注水加压；阀 4 在试验位置时可进行注水和试验操作，在调零位置时用于调节目测管液位至零刻度；阀 5 为排气阀门；阀 6 为截止阀；阀 7 为调压阀。接口 1 为循环进接口，接口 2 为导压管接口，接口 3 为循环回接口，接口 4 为水箱加压接口，接口 5 为气源接口。

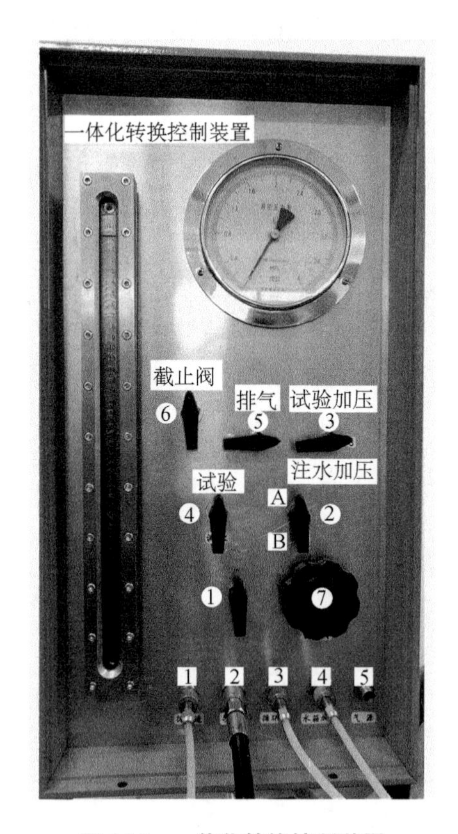

图 2.11　一体化转换控制装置

3）压力系统和控温系统

压力系统主要由高压气源和循环水泵组成。循环水泵从循环水箱中抽出的液体使用分流阀分为两部分，一部分进入一体化转换控制装置再向热探头输送液体，另一部分经分流回水管流回到循环水箱。当分流阀全关时，抽出所有液体全部输入热传导探头内，则热传导探头具有较大压力；当分流阀全开时，抽出所有液体全部回到水箱内，则热传导探头几乎没有液体循环，压力较小。因此，通过调节循环水泵分流阀可控制加压大小；采用高压气源进行加压时，通过调节气瓶阀门即可实现控制加压大小。循环水泵可施加压力较小，而高压气源可施加压力较大，可加至约 4 MPa。

控温系统包含循环水箱和恒温水浴箱。恒温水浴箱内设置电加热棒进行加热，在水浴箱中部设置温度传感器测试温度，使水浴箱内温度保持在设定温度。不锈钢循环水箱放置于恒温水浴箱内以保证水箱周围的温度为设定温度，保证加热效率。

2.2.3　预钻孔热探头测试方法

预钻孔热探头可进行岩土体综合导热系数测试和冻胀力测试。在测试之前，需用高压气源或循环水泵进行注水。预钻孔热探头测试方法具体如下：

1）试验开始前注水操作

（1）用气源加压注水

① 连接好气源加压管，用合适长度的导压管将一体化转换控制装置与热传导多功能旁压器相连接，将热传导多功能旁压器放入试验位置。给水箱注满传热介质后盖上水箱盖。连接好各循环管路；

② 将阀 1 接通，阀 3 旋至注水加压位置，阀 4 旋至试验位置，阀 5 旋至排气位置，关闭阀 2 和阀 6，同时循环泵上的分流阀旋至连通位置；

③ 打开气源阀门并调整合适的压力输出，开始用一体化转换控制装置上的调压阀加压给系统注水，当测管水位接近零位时迅速松开调压阀，分别关闭阀 1、阀 3 和阀 5，打开水箱盖，将阀 2 旋至 A 位置，等热传导多功能旁压器恢复原状后用阀 4 调节测管液位至零刻度，随即关闭阀 4；

④ 给水箱补满传热介质。

（2）用循环泵注水

① 用合适长度的导压管将一体化转换控制装置与热传导多功能旁压器相连接，将热传导多功能旁压器放入试验位置。给水箱注满传热介质，连接好各循环管路；

② 将阀 1 和阀 6 接通，关闭阀 3 和阀 5，阀 2 旋至 A 位置，阀 4 旋至试验位置，同时将循环泵上的分流阀旋至半开（可观察压力表或泵的工作状态而随时微量调节）；

③ 启动循环水泵给系统注水。当传热介质从循环回水管中满液（无气泡）流出时停止注水；

④ 待探头完全恢复原状后用阀 4 调节测管液位，使之在零刻度，随即关闭阀 4。

⑤ 给水箱补满传热介质。

2）岩土体综合导热系数测试

（1）连接和检查管路电路、准备好各测试仪表；

（2）将热传导多功能旁压器放置到测试位置；

（3）将阀 5 旋至排气位置，阀 4 旋至试验位置，待目测管液位自行下降至稳定时，记录下其位移值“S_0”备用；

（4）关闭阀 1、阀 2、阀 5 和阀 6，将阀 3 旋至试验加压位置。用调压阀稍微加压，等目测管液位稳定（此时探头完全贴紧孔壁），记下此时的压力值“P_1”和位移值“S_1”备用；

（5）关闭阀 3 和阀 4，松开调压阀，将阀 1 和阀 6 接通，阀 2 旋至 B 位置；

（6）测记此时的液体温度等有关参数，开启循环泵及制热（或制冷）设备，进入热（冷）效应测试过程（此时压力表显示的为探头及循环系统中的压力值），到达所设定的温度要求时停止；

（7）热（冷）效应计算：（水箱容积＋导管容积＋循环管路容积）$\times \delta T \times$ 系数－损耗（其中 T 为温度）。

3）冻胀力试验

（1）按上述气源加压注水或循环水泵加压注水方法至目测管为零刻度，随即关闭阀 4；

（2）继续按上述岩土体综合导热系数测试的步骤（1）至（5）操作；

（3）测记当前温度，开启循环水泵并制冷，维持到所设定的温度时停止；

（4）在循环过程中，注意系统压力的变化，如发现压力增大，则可打开阀 5，将阀 4 旋至试验位置，待压力降至 P_1 值时关闭阀 4 和阀 5，继续重复冷却循环；

（5）到达设定温度要求时，关闭循环水泵，关闭阀 1 和阀 2，将阀 4 旋至试验位置，阀 5 旋至排气位置，待目测管液位稳定后关闭阀 5。记录下此液位值 S_2；

（6）将阀 3 置于试验加压位置，用调压阀加压，使液位值下降到 S_1 值时，记录下此时的压力值 P_2；

（7）用 P_2-P_1 即为此温度下的冻胀力，S_2-S_1 即为冻胀变量（通过体积换算）。

2.3 压入式热探头岩土传热原位测试

2.3.1 压入式热探头测试原理

压入式热探头基于一种瞬态测试方法研发而成，基本原理是在传统静力触探（CPT）探头的后部增加一加热模块（图 2.12(a)），给土体施加一定时间的热流后监测其温度消散过程，利用瞬时线热源理论公式对温度消散曲线进行分析，即可得到测试深度处土体的综合导热系数。

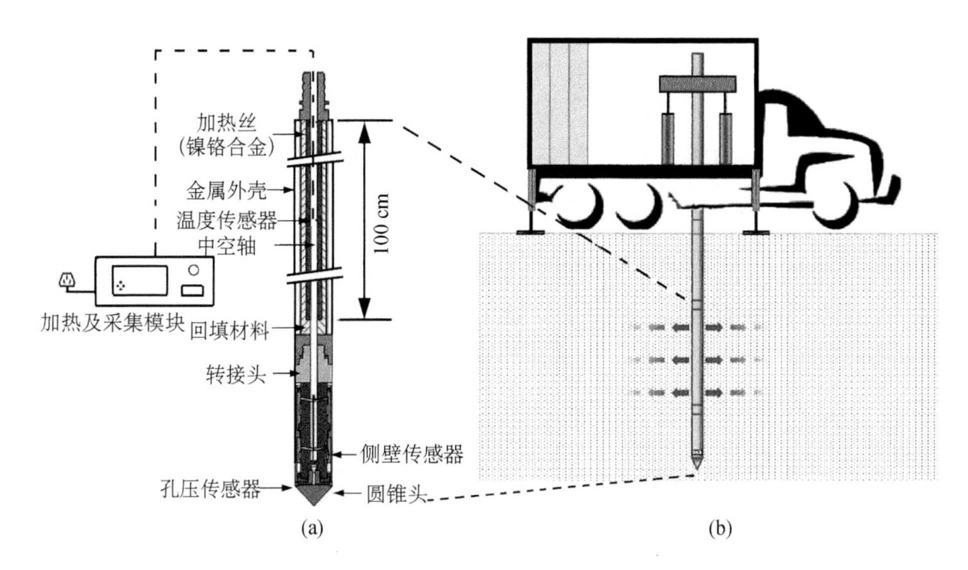

图 2.12 热传导 CPT 探头基本结构及测试原理

由于理论公式假设热源是无限长的，为减小实际传热模式与模型的误差，因此需要设计探头具有较大的长径比。Blackwell[26]的分析表明，当长径比大于 30 时，实心热探针由轴向传热引起的误差小于 0.12%。参考市场主流的热探针几何特征与国产 CPT 测试系统的尺寸要求，最终确定加热模块高度为 100 cm，其构造如图 2.12 所示。其中，中空轴直径为 1.84 cm，与国产探杆螺纹插线端内径相同，加热片及温度传感器线路由其中引出；中空轴外贴可均匀发热的镍铬合金加热片，厚度为 1.5 mm。温度传感器嵌于此层，位于加热片 50 cm 高处；探头最外部为合金外壳，能满足贯入过程中的硬度要求与导热性要求，其外径为 44 mm，内径为 25 mm；外壳与加热片之间的缝隙用材料填充以增强换热。研发的探头实物如图 2.13(a)。

2.3.2 热导率计算模型

瞬时无限长线热源模型[27]是描述一个单位长度热量为 Q 的无限长线热源在无限大固体中瞬时释放后的温度响应规律。其解由瞬时点热源的温度场函数积分得到。

介质中的热传导微分方程为：

$$\frac{\partial^2 T}{\partial^2 x}+\frac{\partial^2 T}{\partial^2 y}+\frac{\partial^2 T}{\partial^2 z}=\frac{1}{a}\frac{\partial T}{\partial t} \tag{2.7}$$

式中，T 表示任意一点的温度，℃；t 为传热时间，s；$a=\lambda/\rho c$ 为热扩散系数，m^2/s；λ 为

介质热导率，W/(m · K)；ρ 为介质密度，kg/m^3；c 为介质比热容，J/(kg · K)。由傅里叶变换得到其解为：

$$T=\frac{A}{8(\pi at)^{3/2}}\mathrm{e}^{-[(x-x')^2+(y-y')^2+(z-z')^2]/4at} \tag{2.8}$$

式中，A 为傅里叶变换后解的常数项。对式(2.8)从$-\infty$到$+\infty$积分可得整个域中所含热量 Q 为 $A\rho c$，即式(2.8)表示无限大固体中在 x'，y'，z'点处瞬时放出 $A\rho c$ 的热量的温度场分布规律。

将式(2.8)右端乘 dz'并在$-\infty$到$+\infty$积分可得：

$$T=\frac{Q}{4(\pi\lambda t)^{3/2}}\mathrm{e}^{-[(x-x')^2+(y-y')^2]/4at} \tag{2.9}$$

其表示为单位长度热量为 Q 的无限长热源瞬释放的温度响应，若热源位于坐标原点，在极坐标下可写作：

$$T(r,\ t)=T_0+\frac{Q}{4\pi\lambda t}\mathrm{e}^{\left(-\frac{c\rho r^2}{4\lambda t}\right)} \tag{2.10}$$

式中 r 为距离热源距离，m；T_0 为初始温度，℃。

对式(2.10)两端取对数得：

$$\ln(T-T_0)=\ln\left(\frac{Q}{4\pi\lambda}\right)-\ln(t)-\frac{c\rho r^2}{4\lambda t} \tag{2.11}$$

当时间 t 很大而 r 很小的时候，可以忽略式右边最后一项，可得土体热导率可表示为：

$$\lambda=\frac{Q}{4\pi t(T-T_0)} \tag{2.12}$$

用式(2.12)计算热导率需要介质的初始温度 T_0，它可在试验之前测得，也可由温度完全消散的最终温度得到，但因温度消散过程缓慢，利用 Ghassan[28] 提出的双曲线公式式(2.13)可以对已获得的温度消散曲线进行拟合并预测最终温度：

$$\Delta T=T_i-T_0=\frac{t}{d+et} \tag{2.13}$$

其中 T_i 为温度消散起始点时的温度。当 $t\to+\infty$时，$\Delta T\to 1/e$，因此：

$$T_0=T_i-1/e \tag{2.14}$$

2.3.3 压入式热探头测试方法

测试方法与传统 CPT 测试类似，将上述加热模块直接与刚性锥尖联接可以专用于热导率测试；或通过转接头与传统 CPT 探头联接，可同时测试土体贯入参数与热导率。测试时，利用 CPT 贯入装置，将热探头贯入至待测土体深度后，开始以 200 W 的恒定功率向周围土体加热 120 s 之后，停止加热，此时刻为温度消散起始点，并持续记录温度随时间变化至 1 000 s。将得到的温度曲线消散段用式(2.13)拟合，再代入式(2.12)中进行计算，即可得到土体热导率。

2.3.4 现场测试对比分析

依照上述对探头的设计思路，研发的热传导 CPT 探头及加热装置和数据采集仪如图 2.13(a)所示。热传导探头后端尺寸与国产 CPT 探杆尺寸一致，可共用连接杆，并可安装于通用 CPT 测试贯入设备及车辆。采用东南大学岩土工程研究所引进的美国 Vertek-Hogentogler 贯入装置进行热传导 CPT 探头原位试验(图 2.13(b))，场地位于南京东南大学九龙湖校区的试验基地。

(a) (b)

图 2.13 热传导 CPT 测试系统与现场测试

根据场地工程勘察报告，场地位于秦淮河漫滩地貌单元上，地形平坦，地下水位于 1.0 m 深左右，其径流缓慢。地表以下 2.9 m 为杂填土，2.9 m～4.3 m 为黏土，4.3 m～11.5 m 为一层较厚的淤泥质粉质黏土层。粉质黏土层分布较为均匀，且渗透性较差，可以排除地下水渗流对探头传热的影响，选作为现场测试层。对该测试土层取 3 个原位土样，用 DZDR-S 型瞬态平面热源导热仪进行热物性室内测试，测得土样平均热导率 λ_L 为 1.15 W/(m·K)。

热探头贯入操作按照传统 CPT 的操作要求进行，以 2 cm/s 的速度均匀贯入探头至 5.3 m 深处土体。待温度读数稳定，记录初始值为 20.4 ℃，随后开始加热测试。

图 2.14 对比了现场/拟合消散曲线所计算的热导率值与取样测试值的关系。原曲线与拟合曲线计算热导率值在 1 000 s 时分别稳定在 1.03 W/(m·K)与 1.28 W/(m·K)。

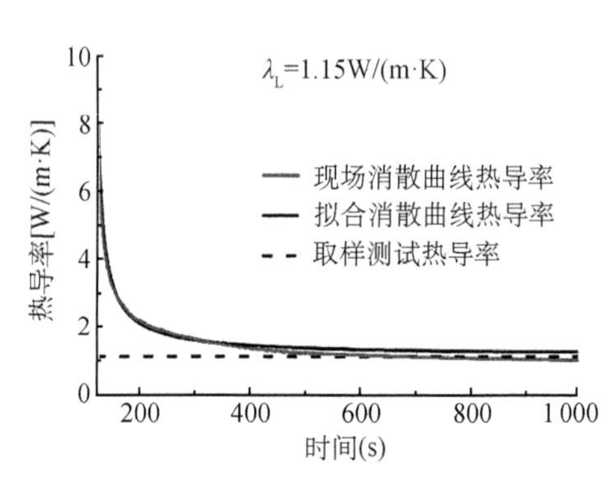

图 2.14　现场土体热导率计算

消散前的加热段对初始地温场产生了一定扰动，造成原消散曲线计算值小于室内测试值。拟合法算得的热导率较高，比室内测试值 λ_L 高 11%，这可能反映了取样测试法低估了土体实际的换热能力。事实上，原位土体因受到上覆土压力作用，未经扰动时密度较大，其孔隙比较小，土颗粒接触紧密，有利于热量传递；土体取样与室内热导率测试过程中经历应力卸载与扰动导致水分散失，可能造成土体换热能力下降，从而造成了原位测试值略高于室内试验结果。

2.4　小结

(1) 岩土热物性测试仪基于模拟地源热泵的工作工况研发而成，该测试仪器由基本设备元件、检测元件及数据采集系统三个部分组成。恒定温度工况测试时，热交换管内通入恒定温度的循环流体介质，测量其进出口液体的温差，计算得到岩土体在夏季和冬季的单位孔深换热量；恒定功率工况测试时，采用恒定功率加热循环流体介质，将其通入热交换管内进行换热，获得热交换管中液体温度随时间变化的数据，计算得到岩土体的综合导热系数及热扩散率。

(2) 预钻孔热探头测试仪器基于无限长线热源模型和预钻孔旁压器的工作原理研发而成，该测试仪器由热传导多功能旁压器、一体化转换控制装置、压力系统和控温系统构成，可根据需要测试任一深度处的岩土体热物性参数。预钻孔热探头测试仪器测试岩土综合导热系数的测试原理为向热传导多功能旁压器中注入循环传热介质，热传导多功能旁压器与周围岩土体持续进行热量交换，使周围岩土体温度随时间变化，获得周围岩土体温度随时间变化的数据，可求得岩土体的综合导热系数。

(3) 压入式热探头基于一种瞬态测试方法研发而成,基本原理是在传统静力触探(CPT)探头的后部增加一加热模块,给土体施加一定时间的热流后监测其温度消散过程,利用瞬时线热源理论公式对温度消散曲线进行分析,即可得到测试深度处土体的综合导热系数。

3 隧道衬砌换热器传热现场试验

3.1 隧道贯通前的热响应试验

3.1.1 试验目的

通过开展隧道衬砌换热器热响应试验，获得不同间距、流速和入口温度下的热交换管换热量；分析研究热交换管间距、流速和入口温度对热交换管换热量的影响；监测热交换管周围围岩径向及纵向温度场，反演隧道围岩的综合热物性参数；根据现场试验数据验证隧道衬砌换热器传热模型的准确性。

3.1.2 试验仪器及原理

测试仪器由以下部分组成：保温水箱(带温控电加热器)、循环水泵、流量控制阀和循环管道、温控设备、温度传感器、流量传感器和数据采集系统。测试仪器如图 3.1 所示。

图 3.1　隧道衬砌换热器岩土热响应测试仪器

恒温法测量地埋管换热量的原理为：温度控制器根据设定的温度，调节加热器的工作状态，获得试验所需恒温液体，在水泵的驱动下，流经布设在地埋管入口端的温度传感器、流量计和控制阀后，流入热交换管，与地下岩土体进行热交换，流经布置在地埋管出口端的温度传感器，最后流入到保温水箱（见图 3.2）。

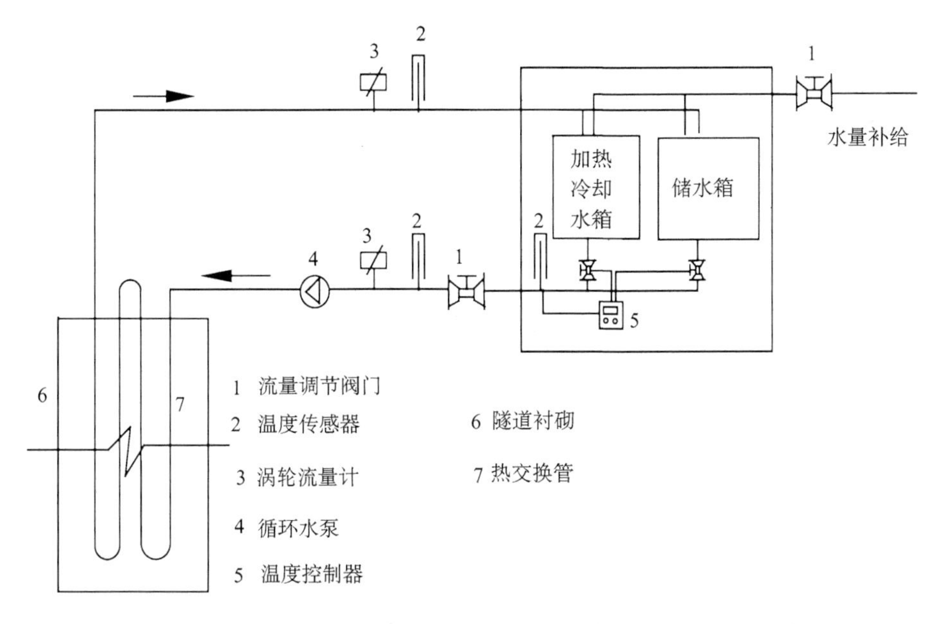

图 3.2 衬砌换热器热响应试验原理

3.1.3 试验方案

为了分析热交换管间距、流速和入口温度对热交换管换热量的影响，需进行不同工况下的现场试验。衬砌换热器热响应试验的现场试验工况如表 3.1 所示。每组工况的运行时间为 48 小时。

表 3.1 隧道衬砌换热器热响应试验工况

试验工况	热交换管间距（cm）	入口温度（℃）	设计流速（m/s）	实际流量（m^3/h）
试验 1	100	16	0.6	0.670
试验 2		18	0.6	0.670
试验 3		20	0.4	0.487
试验 4			0.6	0.670
试验 5			0.8	0.953
试验 6			1.0	1.250
试验 7	50	20	0.6	0.670

为恢复围岩的初始地温，隧道左右两侧围岩的衬砌换热器热响应试验交替进行。热交换管和温度传感器的布置设计图如图 3.3，现场布置如图 3.4 所示。

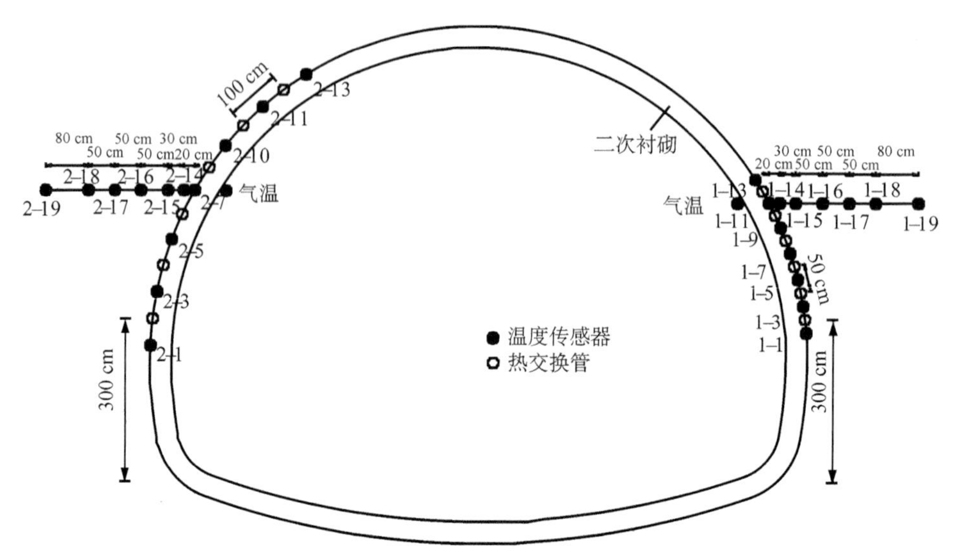

图 3.3 热交换管及传感器布置设计图

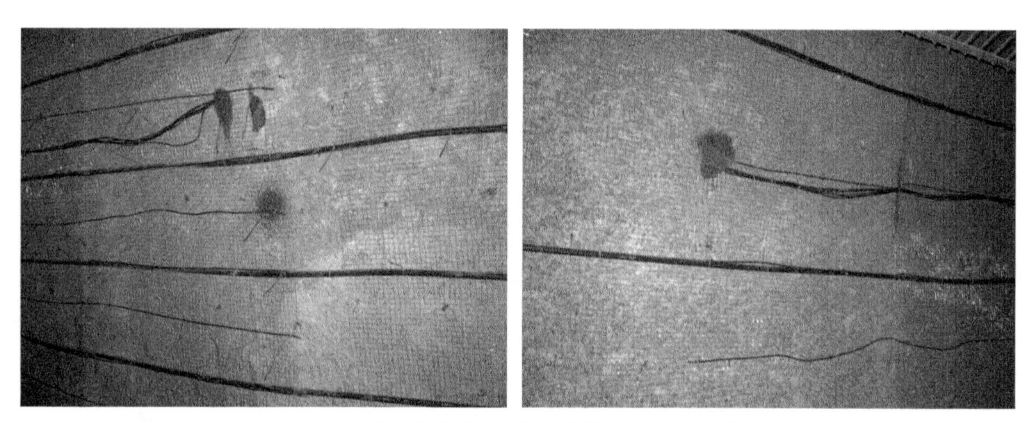

图 3.4 热交换管及温度传感器现场布置照片

3.1.4 试验结果分析

1）换热对围岩温度场的影响

图 3.5 和图 3.6 显示了现场试验期间隧道初衬的温度场和空气温度。结果表明，除监测点 2-13 外，衬砌表面温度场随时间呈线性增加。温度增量与升温速率不同，管间距 50 cm 时最大温升为 1.29 ℃，管间距为 100 cm 时最大温升为 0.61 ℃。图中还显示，在管间距为 50 cm 处，1-7 和 1-9 的温度曲线具有几乎相同的上升趋势，且高于其他监测点。因此，管间距对换热管的换热率有显著影响。

图 3.7 所示为 50 cm 管间距试验期间的围岩温度场。恒进口温度为 20 ℃，传热介质流量为 0.67 m^3/h。最高气温为 11.41 ℃，最低气温为 7.08 ℃，最大温差为 4.33 ℃。系统运行 41 小时后，当围岩深度小于 1.0 m 时，围岩温度随时间显著升高。距初衬

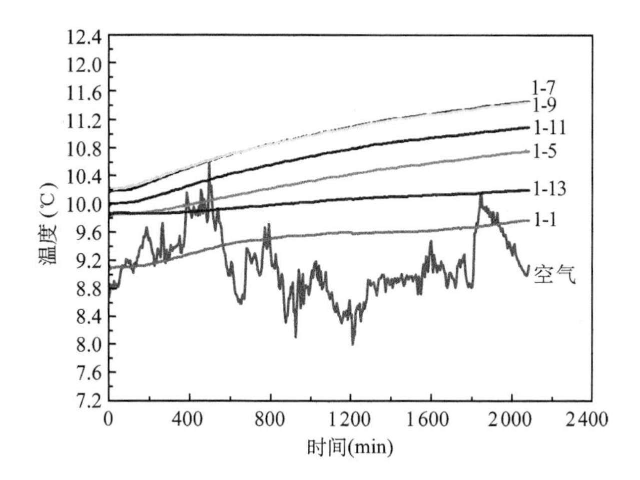

图 3.5 50 cm 间距热交换管初衬表面温度变化

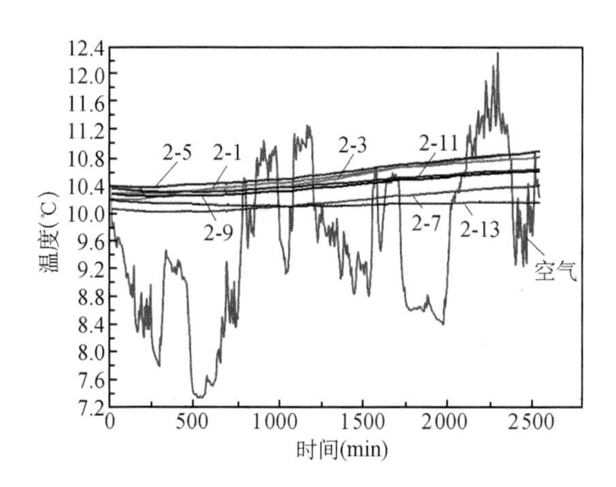

图 3.6 100 cm 间距热交换管初衬表面温度变化

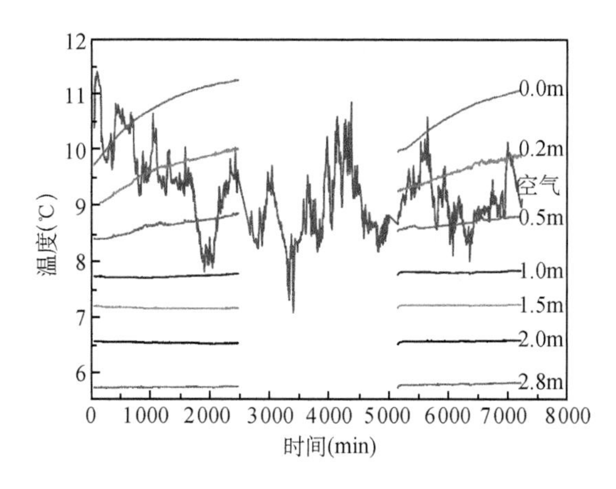

图 3.7 50 cm 间距热交换管初衬外表面不同位置围岩温度变化

砌面 0.0 m、0.2 m、0.5 m 和 1.0 m 的围岩温度增量分别为 1.22 ℃、0.67 ℃、0.27 ℃、0.08 ℃。图中还显示，距初衬外表面 0.0 m、0.2 m、0.5 m 的围岩温度，间隔 45 h 后分别升高 0.27 ℃、0.29 ℃和 0.16 ℃。间歇比为 1.1 时，围岩地温不能完全恢复，而距初衬外表面 1.0 m 的围岩温度可完全恢复。间歇比是间歇时间与运行时间的比值。

图 3.8 所示为 100 cm 管间距试验期间的围岩温度场。恒定的入口温度和流量与 50 cm 管间距相同。最高气温为 12.32 ℃，最低气温为 7.08 ℃，最大温差为 5.24 ℃。系统运行 42 h 后，当围岩深度小于 0.5 m 时，围岩温度随时间略有升高。0.0 m、0.2 m、0.5 m 围岩温度增量分别为 0.39 ℃、0.33 ℃和 0.15 ℃。图中还显示，距初衬外表面 0.0 m、0.2 m、0.5 m 的围岩温度，间隔 46 h 后分别提高了 0.21 ℃、0.18 ℃和 0.1 ℃，当间歇比为 1.1 时，围岩地温可完全恢复。

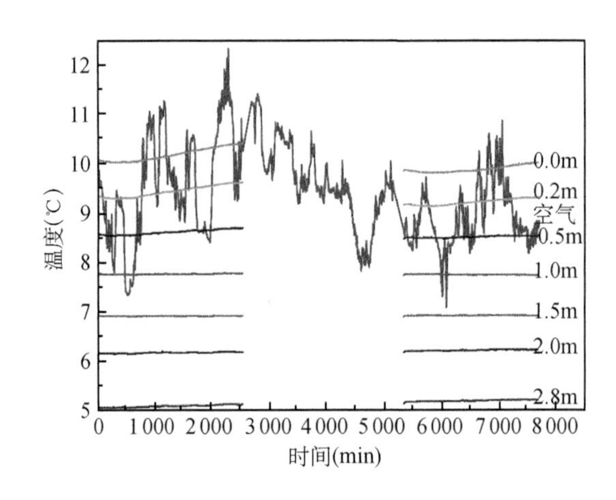

图 3.8　100 cm 间距热交换管间距离初衬外表面不同位置围岩温度变化

从图 3.7 和图 3.8 可以看出，管间距越大，地温恢复越快。这是由于系统运行过程中的温度叠加效应造成的。温度叠加效应由管间距决定，管间距越大，温度叠加效应越小。由此可见，间歇运行有利于地温恢复，采用间歇运行可以改善隧道衬砌的传热性能。

2）管间距对换热率的影响

在 50 cm 和 100 cm 的管间距下，传热介质的恒定入口温度为 20 ℃。100 cm 管间距流量恒定为 0.67 m^3/h，50 cm 管间距设计流量与 100 cm 管间距设计流量相同，但试验值有波动，最大偏差为 15.52%。其原因是在热交换管内循环液体的高水压下，液压阀容易松动。二次衬砌埋件安装引起热交换管压扁变形，可能引起高水压。传热介质的温度和流速如图 3.9 所示。当运行时间小于 20 h 时，流量不随运行时间变化，为 0.66 m^3/h，但当运行时间大于 20 h 时，从 0.66 m^3/h 到 0.58 m^3/h，随着运行时间的延长，流量明显减小，不同换热管间距下的换热率与时间的关系曲线如图 3.10 所示。结果表明，随着运行时间的增加，换热率逐渐降低。50 cm 管间距的换热量高于 100 cm 管间距的。在管间距为 50 cm 时，运行 10 小时、20 小时、30 小时和 40 小时的换热量分别为 46.92 W/m、45.25 W/m、42.87 W/m 和 37.84 W/m，在管间距为 100 cm 时分别为 34.57 W/m、33.97 W/m、32.98 W/m 和 32.51 W/m。

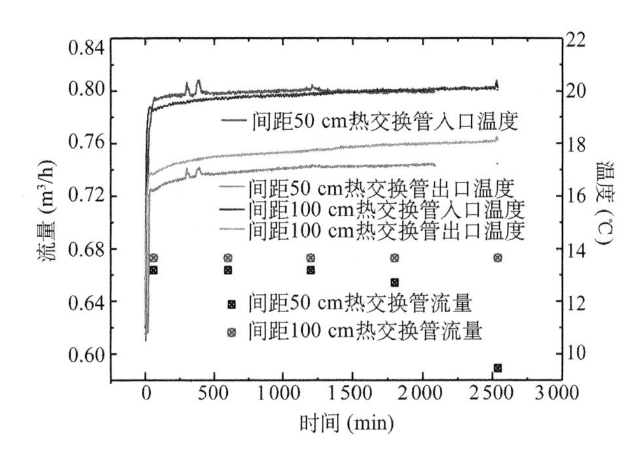

图 3.9　热交换管的温度与流速变化

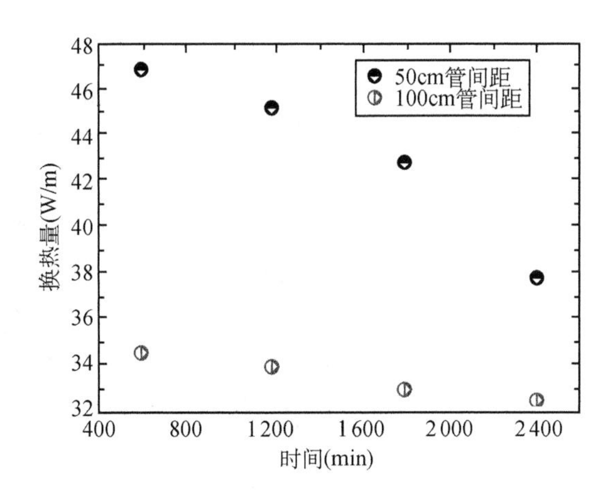

图 3.10　不同间距热交换效率随时间变化

3.2　隧道贯通后的热响应试验

3.2.1　试验方案

2011 年 5 月 16 日至 6 月 6 日，在扎敦河隧道开挖阶段进行了进口温度恒定的隧道衬砌换热器的热响应试验[10]，发现隧道衬砌换热器的热性能不同于传统的垂直地埋管换热器，换热率为两部分，一部分来自隧道内的空气，另一部分来自围岩[10]。为评价隧道内气流对隧道衬砌换热器换热性能的影响，于 2013 年 6 月 14 日至 6 月 19 日在林场隧道运营阶段进行了热泵热性能现场试验。试验系统的原理示意图和现场照片如图 3.11 和图 3.12 所示。

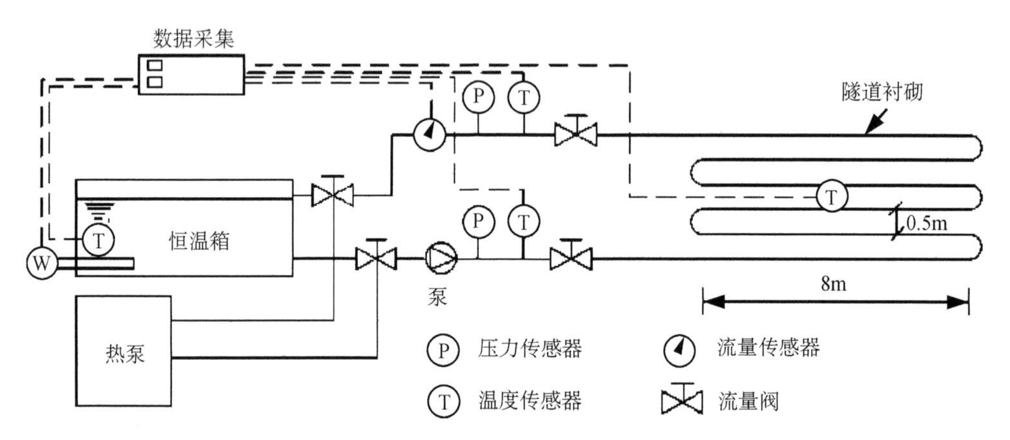

图 3.11 原位热响应试验系统原理示意图

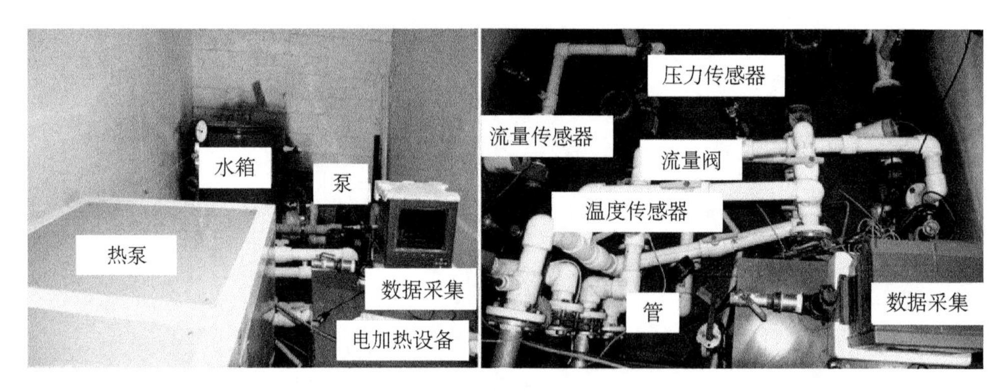

图 3.12 原位热响应试验系统现场照片

试验场地距隧道入口 450 m，隧道埋深 80 m，隧道内径 5.7 m，二衬厚度 35 cm，初衬 17 cm。复合防水材料非常薄，布设于二衬与初衬之间。换热管长度为 70 m，固定在隧道左、右两侧初衬外表面上，纵向长度 8 m，间距分别为 50 cm 和 100 cm。

本试验采用热泵作为热源，传热介质的入口温度随时间变化，这与进口温度恒定的热响应试验不同。增加了空气温度传感器和超声波风速计来监测空气温度和风速，热交换系统与温度传感器的布置设计图如图 3.13 和，现场布置照片图 3.14 所示。

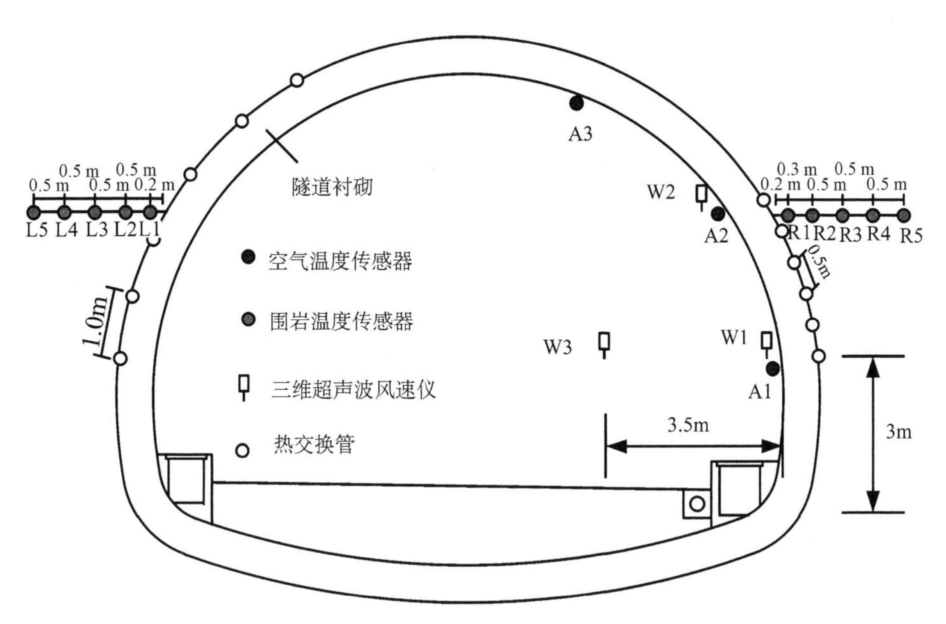

图 3.13 热交换系统与温度传感器布置设计图

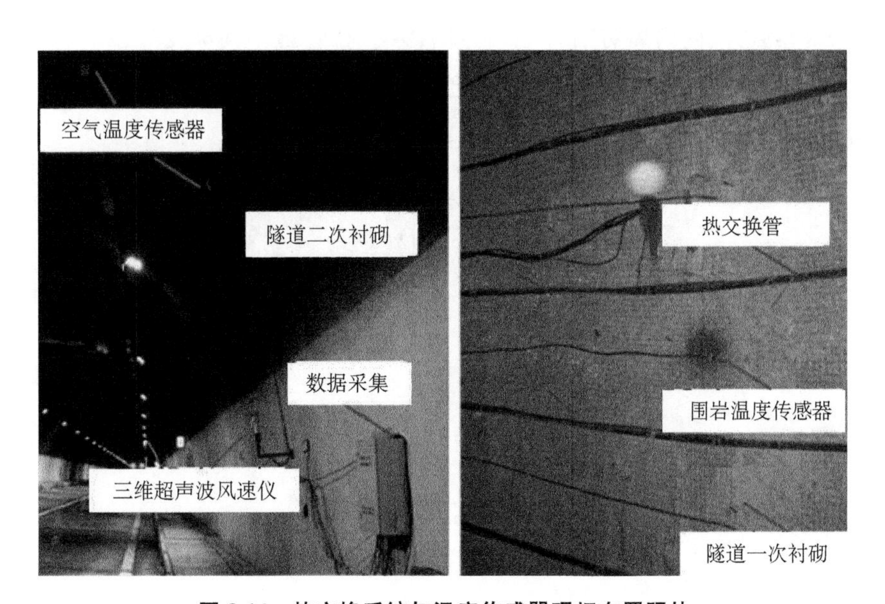

图 3.14 热交换系统与温度传感器现场布置照片

3.2.2 试验结果分析

1）隧道气温和风速时空分布特性

（1）扎敦河隧道气温时空分布规律研究

于 2013 年 6 月 14 日至 6 月 19 日进行隧道横断面内不同位置处的气温监测，监测结果如图 3.15 所示。由图 3.15 可得:隧道洞内气温随时间周期性变化,边墙、拱腰和拱顶处的气温基本相同,无空间差异性。

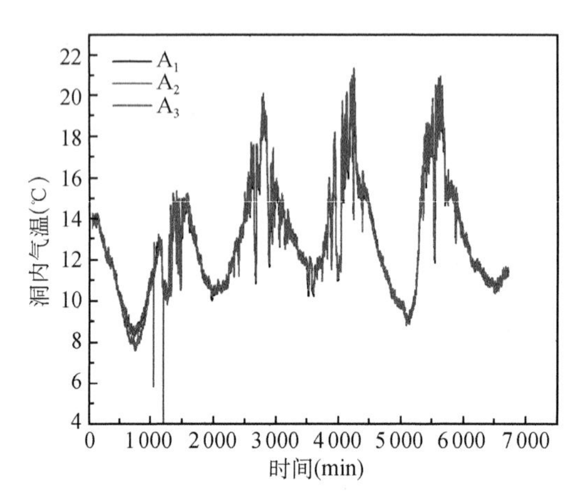

图 3.15　扎敦河隧道洞内气温监测值

(2) 扎敦河隧道地温时空分布规律研究

为了分析隧道洞内通风对围岩地温能的影响,在隧道不同深度处围岩内埋设温度传感器,监测隧道贯通前后围岩地温的变化。于 2011 年 5 月进行隧道贯通前的地温监测,于 2013 年 6 月进行隧道贯通后的地温监测,监测结果如图 3.16 所示。

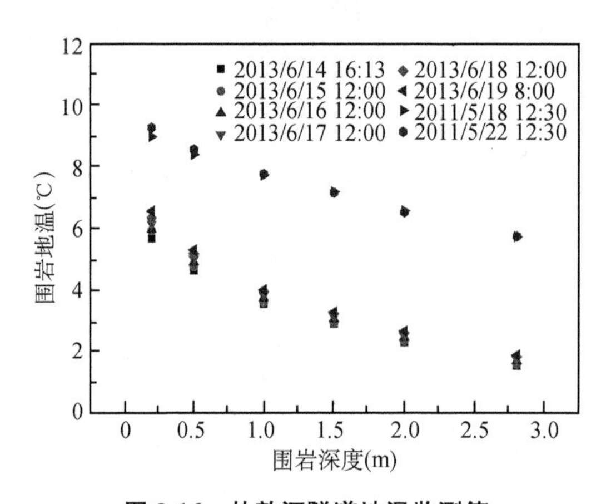

图 3.16　扎敦河隧道地温监测值

由图 3.16 可得:隧道贯通后,受洞内气温波动和通风影响,隧道围岩地温场发生了显著变化,与贯通前相比,隧道围岩地温整体呈下降趋势,不同深度处地温下降值各不相同,地温下降值在 3～4 ℃之间变化。隧道贯通前后地温下降值与隧道埋深有关,在隧道未贯通时,围岩的原始地温受地温梯度影响,岩体埋深越深,则地温越高;当隧道贯通后,原始地温受到扰动,因洞内气温的年平均温度低于围岩原始地温,所以贯通后的隧道围岩地温会下降。在隧道贯通前，0.2 m 处和 2.8 m 处围岩地温温差约为 3.5 ℃，隧道贯通后两者温差约为 4.66 ℃，隧道通风对围岩地温有显著影响。

(3) 扎敦河隧道风速时空分布特征研究

在扎敦河隧道安装了三维和二维超声波风速仪，分别于 2013 年 6 月和 2013 年 12 月对隧道洞内风速进行了监测，监测结果如图 3.17 至图 3.19 所示。

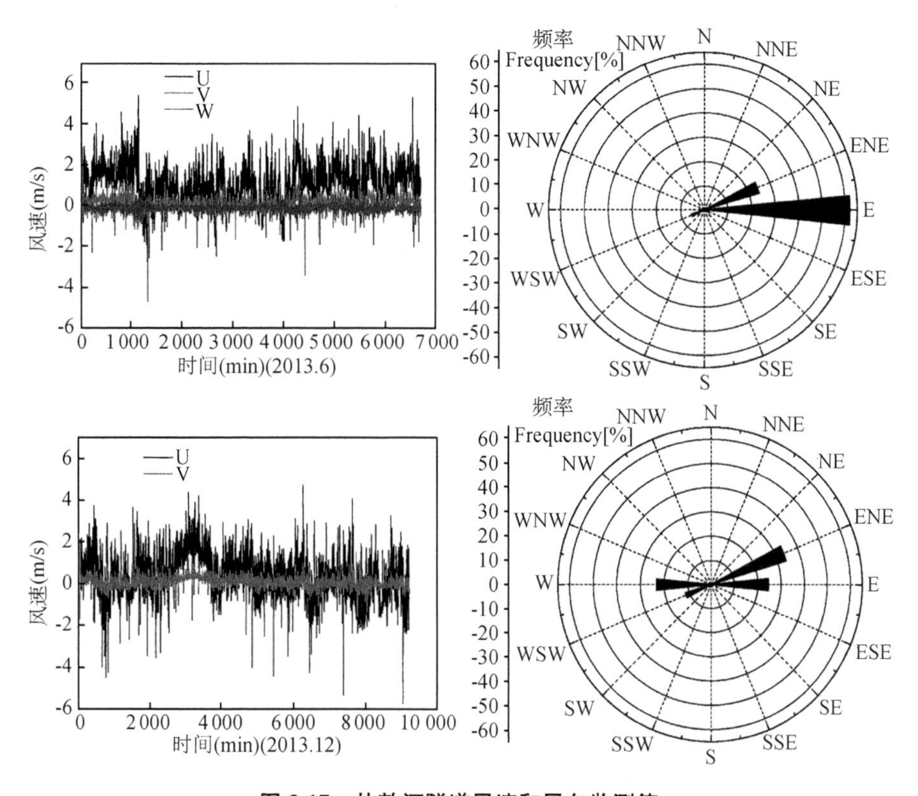

图 3.17 扎敦河隧道风速和风向监测值

由图 3.17 可得：隧道洞内风向与隧道轴线方向一致，在 6 月份风向比较固定，由入口吹向出口，在 12 月份风向会发生反复变化。隧道风速随时间随机波动，以平行洞轴线方向为主，在 0～3 m/s 之间变化；在垂直洞轴线方向，风速很小，均小于 0.5 m/s。隧道风速突变是由于隧道洞内行车引起的。

由图 3.18 可得：在隧道横断面内不同位置处的风速基本相同，随时间同步变化，空间差异性不明显。由图 3.19 可得：在隧道纵断面内不同位置处的风速和风向则存在差别，尤其是隧道洞口处的风速和风向与隧道中部存在显著差别。当测点与参考点的间距为 200 m 时，两者的风速和风向变化规律完全一致，但随着测点与参考点距离的增加，受洞壁阻力的影响，二者的风速差异性逐渐增加，风向变化规律基本一致，基本不受距离的影响。

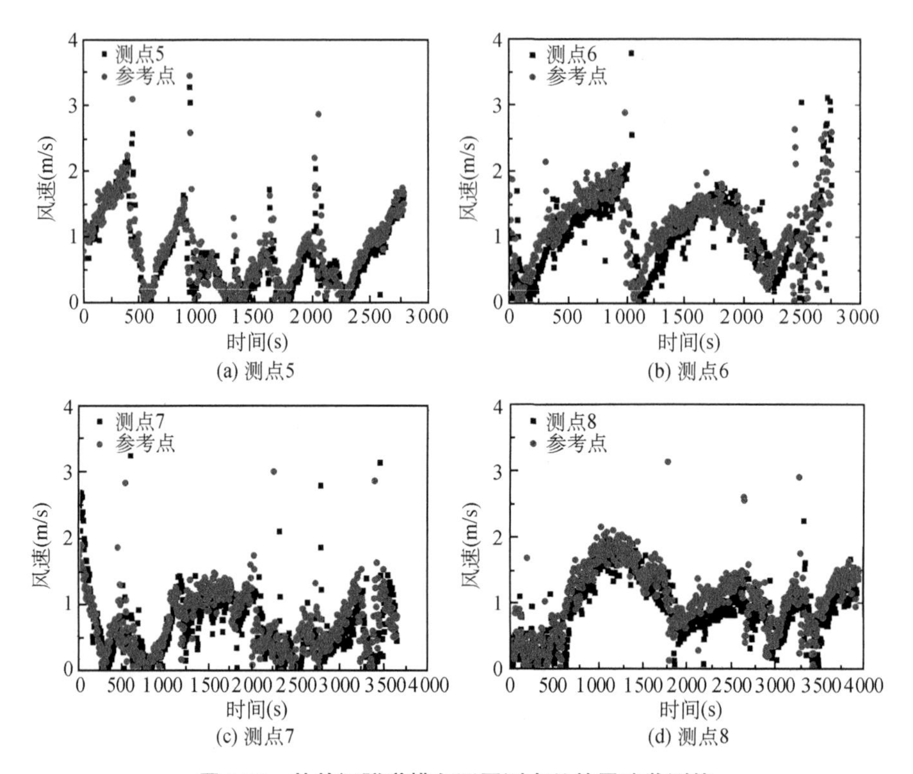

图 3.18　扎敦河隧道横向不同测点处的风速监测值

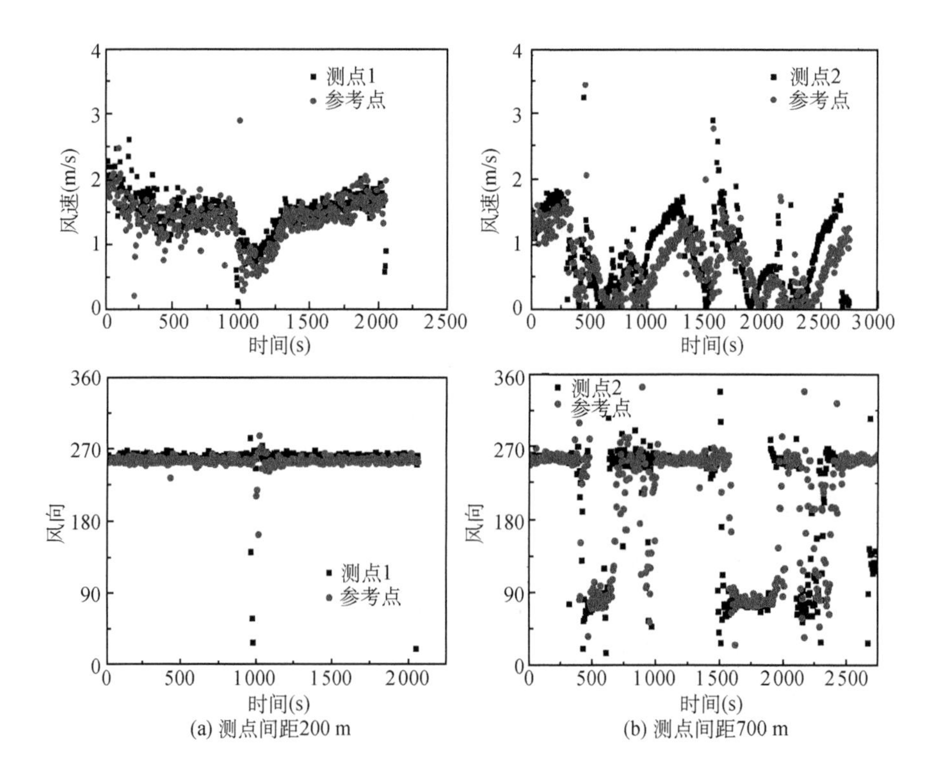

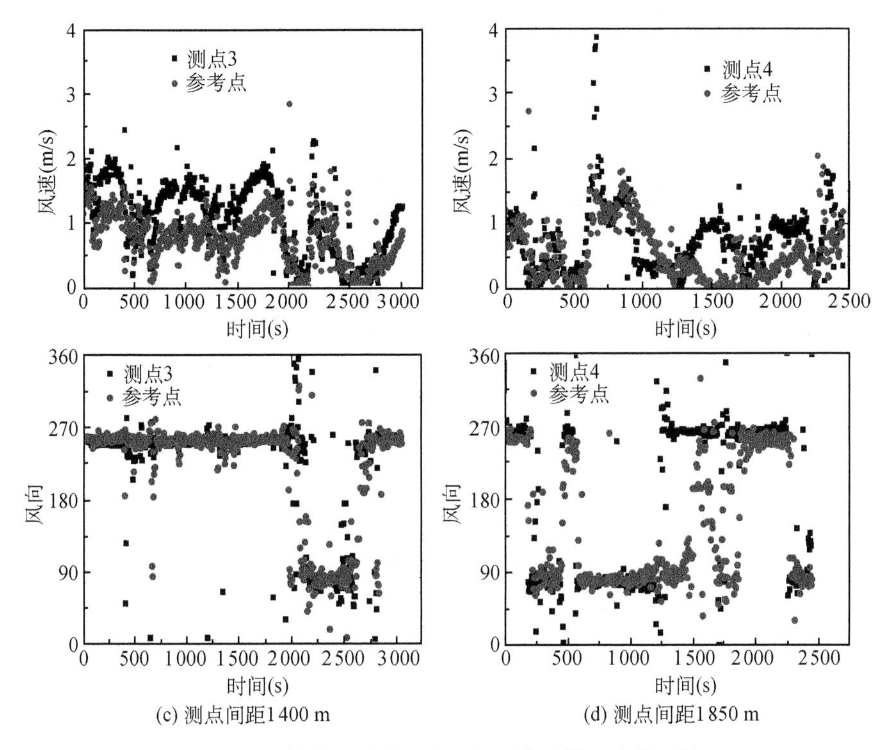

(c) 测点间距1400 m　　(d) 测点间距1850 m

图 3.19　扎敦河隧道纵向不同测点处的风速监测值

2）隧道衬砌换热器和围岩温度

图 3.20 给出了右侧断面(如图 3.13)管道间距为 50 cm、流速为 0.6 m/s 时隧道运行阶段的温度场。入口温度在经历开始阶段 280 小时的波动后，进入到了有规律的升温降温过程，循环周期为 190 小时，最高温度为 18.3 ℃，最低温度为 6.3 ℃。出口温度随着入口温度波动而变化，且入口温度越高出入口温差越大，证明更高的入口温度可以提高热交换效率。空气温度经历 385 小时的升温从 11.6 ℃到达 20.8 ℃后缓慢降温直到 11.3 ℃。

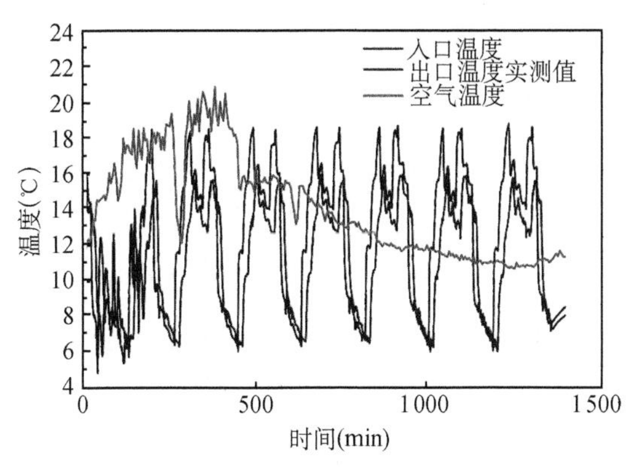

图 3.20　运行阶段出入口温度与空气温度变化

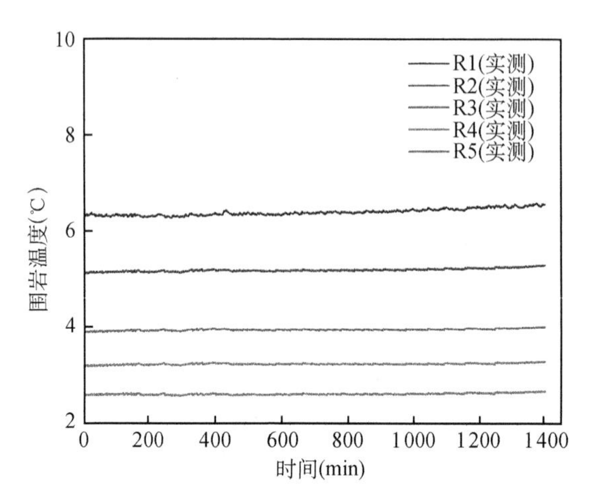

图 3.21　运行阶段距离隧道不同距离围岩温度变化

由图 3.21 可知，距离隧道最远处的 R5(2 m)温度监测点 1 400 min 内温度基本没有变化。距离隧道最近的 R1(0.2 m)温度监测点 1 400 min 内温度从 6.3 ℃升高到 6.6 ℃。其余测点温度都随着运营时间的进行而上升，距离越远影响越小。

3.3　小结

通过现场试验，加深了对衬砌与复合防水板之间埋置热交换器的认识。首先，通过与钻孔换热器的比较，揭示了隧道衬砌换热器的结构和传热特性。其次，通过试验确定了传热介质的进口温度、流量和热交换管间距是影响隧道衬砌换热率的重要因素。从本研究结果可以得出以下结论：

(1) 在现场试验过程中，初衬表面温度场随时间呈线性增长，热交换管间距越小，温度增量越大。系统运行 41 h 后，热交换管间距为 50 cm，在围岩深度小于 1.0 m 时，围岩温度随时间显著升高。当间断比为 1.1 时，围岩地温无法完全恢复。系统运行 42 h 后，热交换管间距为 50 cm，在围岩深度小于 0.5 m 时，围岩温度随时间略有升高，当间断比为 1∶1 时，围岩地温可完全恢复。

(2) 隧道的换热率由两部分组成。一部分来自隧道中的空气，另一部分来自周围的岩石，换热率随传热介质入口温度呈线性变化。入口温度每增加 1 ℃，换热率平均增加 2.494 W/m。

(3) 换热率随流量的增加呈指数级增加。在试验条件下，当流量大于 0.75 m^3/h 时，水压力随流量呈线性增加。因此，应根据效率和经济性来确定合理的流量。

4　隧道衬砌换热器传热模型试验

4.1　通风和地下水渗流作用下的隧道衬砌热交换器热响应模型试验

4.1.1　试验目的

确立传热模型的基础参数和边界条件，揭示隧道衬砌换热器的传热机理，分析研究热交换管冷热循环作用下的隧道衬砌热响应，分析研究隧道通风和地下水渗流对隧道衬砌热交换器长期换热效果的影响。

4.1.2　试验原理

将恒温加热设备的管路与隧道衬砌换热器的热交换管路连成封闭环路，循环水泵驱动流体在环路中循环流动，以隧道衬砌作为传热构件，向隧道围岩和洞内空气中释放热量，通过变换水头高度控制隧道围岩中地下水的渗流速度，利用温度传感器监测隧道围岩、衬砌和洞内空气的温度响应，试验工作原理如图 4.1 所示。

4.1.3　试验仪器

功率 0～6 kW 可调的热响应仪 1 台；1.0 m×1.0 m×1.0 m 保温水箱 2 个；扬程分别为 10 m 和 2 m 的循环水泵各 1 台；恒温控制器 1 台；2 kW 加热棒 3 个；64 通道数据采集器 1 台；电磁流量计 1 台；电动机 1 台；鼓风机 1 台。衬砌热响应试验的试验装置如图 4.2 所示。

4.1.4　模型试验箱和材料

以单车道圆形盾构法隧道基本轮廓为原型设计试验箱，试验几何相似比设计为 1∶20，模型试验箱设计为 1.4 m×1.2 m×1.2 m 的箱型；隧道衬砌外径为 40 cm，衬砌

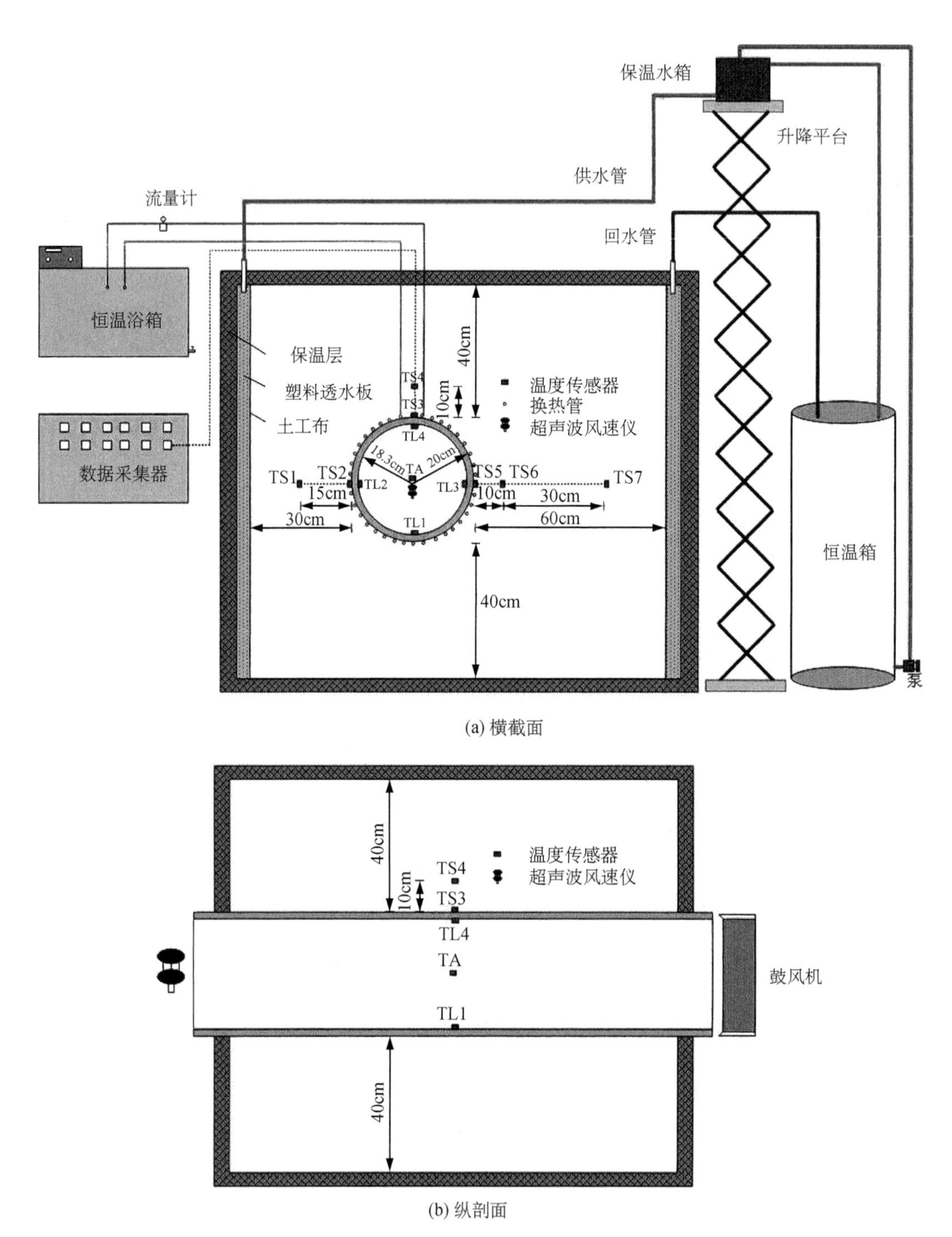

图 4.1　衬砌热交换器热响应模型试验工作原理

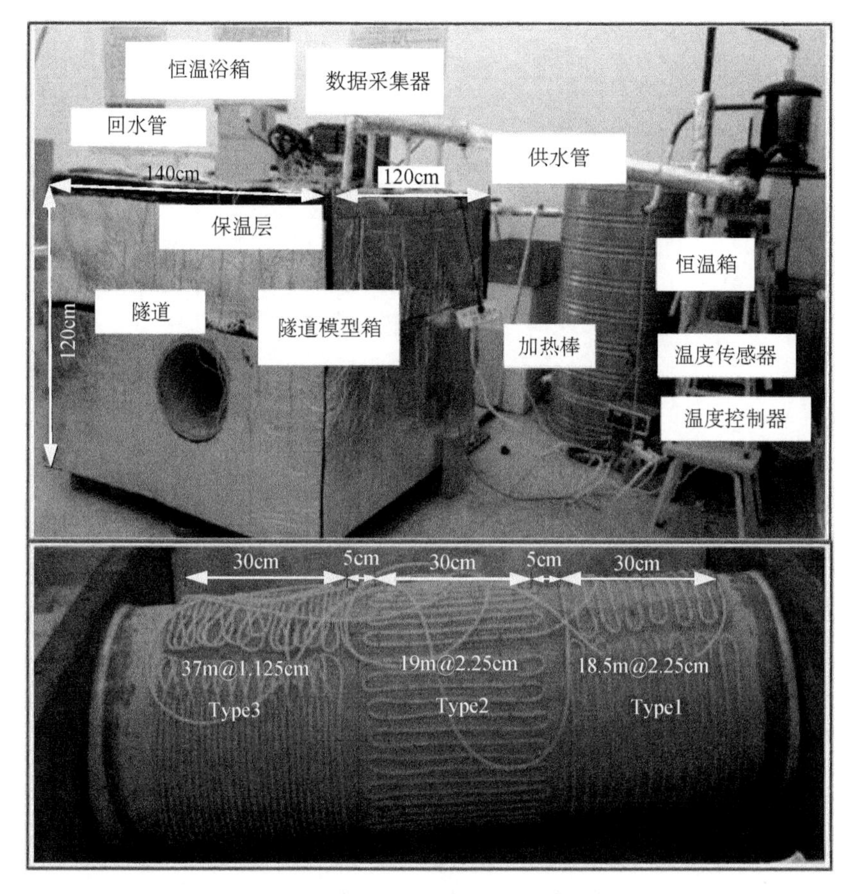

图 4.2 隧道衬砌热响应试验装置

厚度为 2 cm,由水泥、砂、石和水制成,配比为 1∶2.4∶3.6∶0.65;热交换管为橡胶管,外径 4.5 mm,壁厚 0.75 mm。为了消除模型两端的边界效应,热交换管布置于模型的中部,共有 3 组热交换管路,每组热交换管路的宽度为 30 cm,相邻管路的间距为 5 cm;第 1 组热交换管横向布置,管间距为 2.25 cm,管长 18.5 m;第 2 组热交换管纵向布置,管间距为 2.25 cm,管长 19.0 m;第 3 组热交换管横向布置,管间距为 1.125 cm,管长37.0 m。隧道模型箱由取自南京长江内河沙充填,河沙的粒度分析曲线如图 4.3 所示。不同含水率下的砂土热物性参数如图 4.4 所示,砂土的热物性与含水率有关,砂土的导热系数随着含水率的增加而增加,干砂的导热系数最小,饱和砂土的导热系数最大。砂子的渗透系数为 5×10^{-5} s/m。利用铂电阻温度传感器监测隧道围岩、衬砌表面、洞内空气和室内空气的温度,热交换管进、出口温度,传感器的精度为 0.1 ℃。

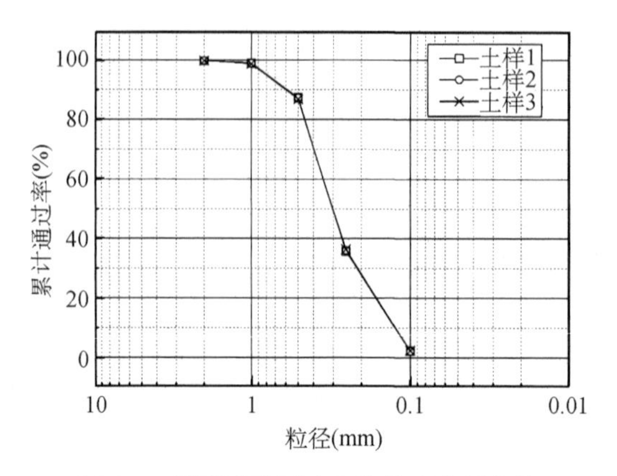

图 4.3　模型试验用砂土的粒度分析曲线

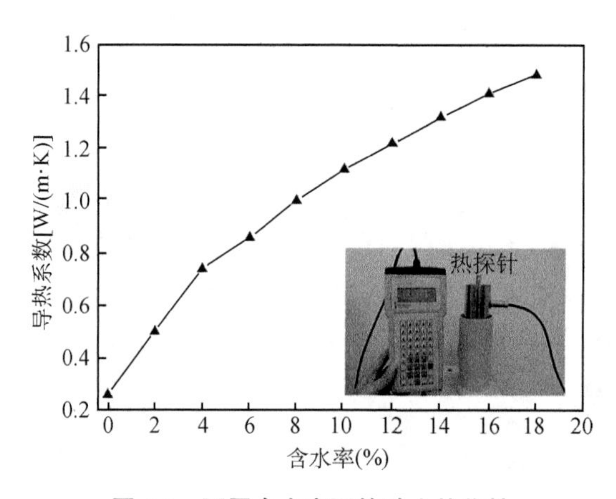

图 4.4　不同含水率下的砂土热物性

4.1.5　试验工况

分析研究地下水渗流速度、热交换管入口温度与地温的温差和运行间歇比等多种因素对隧道围岩温度场和热交换器换热量的影响，采用正交关系设计试验，试验方案见表 4.1。

表 4.1　隧道衬砌换热器热响应模型试验方案

试验编号	影响因素	因素水平	试验周期
第Ⅰ组	管间距	1.125 cm 和 2.25 cm	1 天
第Ⅱ组	布置形式	纵向和横向	1 天
第Ⅲ组	间歇比	1∶1 和 1∶2	4 周
第Ⅳ组	地温	20 ℃和 30 ℃	4 周
第Ⅴ组	地下水流速	0、1×10^{-4}、5×10^{-4} 1×10^{-5}和 1×10^{-6} m/s	8 周
第Ⅵ组	洞内风速	0、0.5、1.0、2.0、3.0 和 4.0 m/s	8 周

4.2　地下水渗流对隧道衬砌换热器传热的影响

4.2.1　热交换管入口温度与围岩地温的温差对热交换量的影响

由图 4.5 可得：在不同渗流速度作用下，随着热交换管内传热循环介质入口温度与围岩初始地温之间温差的增加，热交换管从围岩中提取的热量呈线性增加趋势，热交换管内传热循环介质与围岩的温差越大，热交换管从围岩中提取的热量就越多。

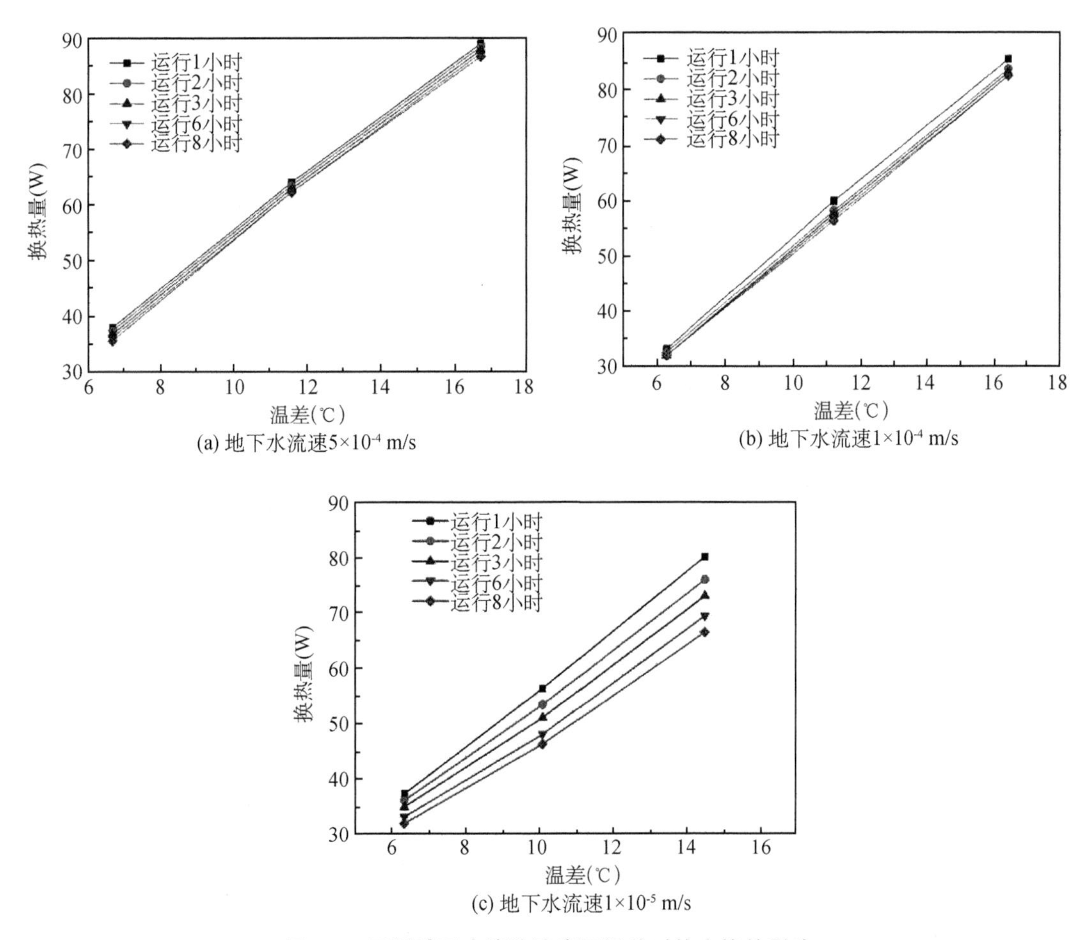

图 4.5　不同地下水渗流速度下温差对热交换的影响

4.2.2　地下水渗流对热交换量的影响

由图 4.6 可得：不同渗流速度下的换热量增长速率存在显著差别，当地下水渗

流速度为 5×10^{-4} m/s 时，热交换管的换热量增长速率不随运行时间变化，为 5.10 W/℃；当地下水渗流速度为 1×10^{-4} m/s 时，在试验初期，换热量增长速率随时间下降，当运行 2 小时后，热交换管的换热速率随时间仅发生微小变化；当地下水渗流速度为 1×10^{-5} m/s 时，热交换管的换热量增长速率随运行时间急剧下降，由第 1 小时的 5.24 W/℃下降到第 8 小时的 4.30 W/℃。由此可得，地下水渗流速度越大，热交换管内传热循环介质与围岩的温差越大，则越有利于地温能的提取，地源热泵系统的运行效率也更高。

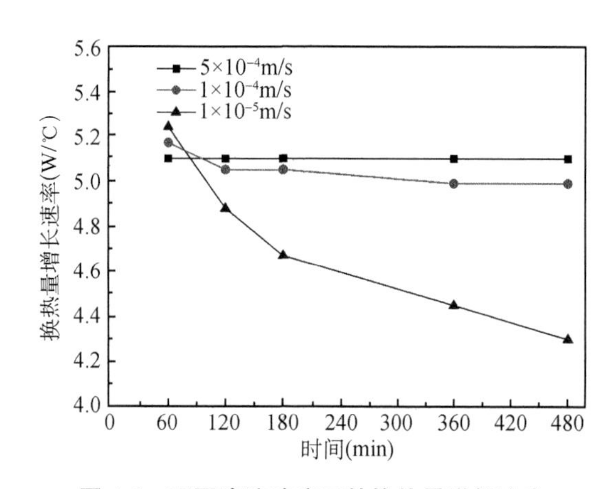

图 4.6　不同渗流速度下的换热量增长速率

由图 4.7 可得：不同地下水渗流速度下的热交换管的换热量随时间的变化规律存在显著差异，当地下水渗流速度为 1×10^{-5} m/s 时，热交换管的换热量随运行时间急剧下降；当地下水流速为 1×10^{-4} m/s 和 5×10^{-4} m/s 时，热交换管换热量在试验初期随运行时间急剧下降，随着运行时间的增加最终趋于稳定。达到稳定所需要的时间与地下

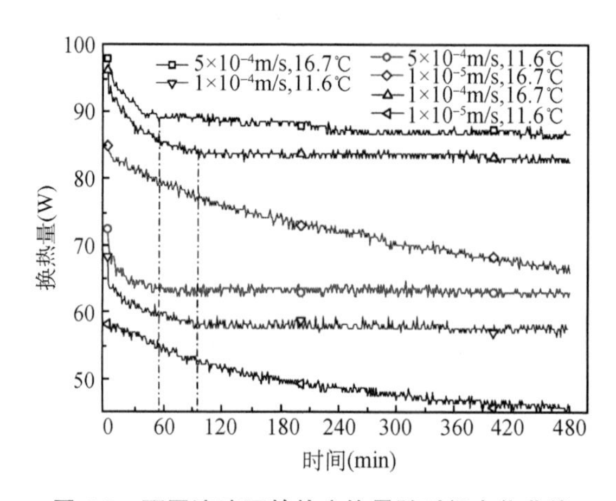

图 4.7　不同流速下的热交换量随时间变化曲线

水渗流速度密切相关，当地下水渗流速度为 5×10^{-4} m/s 时，热交换稳定所需要的时间约为 54 min；当地下水渗流速度为 1×10^{-4} m/s 时，热交换稳定所需要的时间约为 96 min，地下水渗流流速越大，热交换达到稳定状态所需要的时间则越短。在相同渗流速度条件下，温差对热交换稳定所需时间的影响不显著，温差分别为 16.7 ℃和 11.6 ℃时，热交换管达到稳定所需的时间基本相同。

图 4.8 表明地下水渗流对热交换管的换热量有显著影响，地下水渗流速度越大，换热量也越大，当入口温度为 6.7 ℃时，换热量增加了 3.17 W；当入口温度为 11.6 ℃时，换热量增加了 5.54 W；当入口温度为 16.7 ℃时，换热量增加了 3.85 W。在进行热交换管设计时，应考虑地下水渗流的影响，地下水渗流可以促进热交换管的热交换处于稳定状态，提高地源热泵系统的长期换热效果；地下水渗流可以提高热交换管的换热效率，增加了换热量，减少热交换管的铺设，降低工程造价。

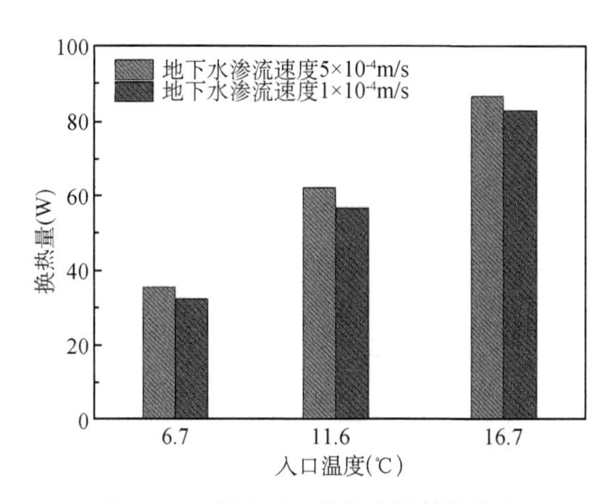

图 4.8　不同流速下的热交换管换热量

4.2.3　地下水渗流对地温的影响

由图 4.9 可得：地下水渗流对围岩地温场有显著影响，地下水渗流速度为 1×10^{-4} m/s 时，围岩温度场随着运行时间的增加而逐渐趋于稳定，但各测点稳定后的围岩温度增量均不相同，其中最大围岩温度增量为 5.3 ℃；当地下水渗流速度为 1×10^{-5} m/s 和 1×10^{-6} m/s 时，围岩温度场随运行时间呈上升趋势，在运行期间未达到稳定状态，最大围岩温度增量分别为 7.0 ℃和 7.2 ℃，地下水渗流速度越大，则围岩温度增量越小。

图 4.9 表明在不同的地下水渗流速度作用下，热交换对围岩温度场的影响范围存在显著差异，当地下水渗流速度为 1×10^{-4} m/s 时，测点 TS1 的温度随时间波动变化，表明热交换对距离衬砌 15 cm 处的围岩地温影响很小，测点 TS7 的温度随时间呈增加趋

势，表明热交换对距离衬砌 40 cm 处的围岩地温也会产生显著影响。当地下水渗流速度为 1×10^{-5} m/s 和 1×10^{-6} m/s 时，测点 TS1 的温度随时间呈增加趋势，表明热交换对距离衬砌 15 cm 处的围岩地温会产生显著影响，但测点 TS7 处的温度未随时间变化，表明热交换对距离衬砌 40 cm 处的围岩地温无影响。在平行于地下水渗流方向，渗流速度越大，则热交换对围岩温度场的影响范围越大；在垂直于地下水渗流方向，渗流速度越大，热交换对围岩温度场的影响范围越小。

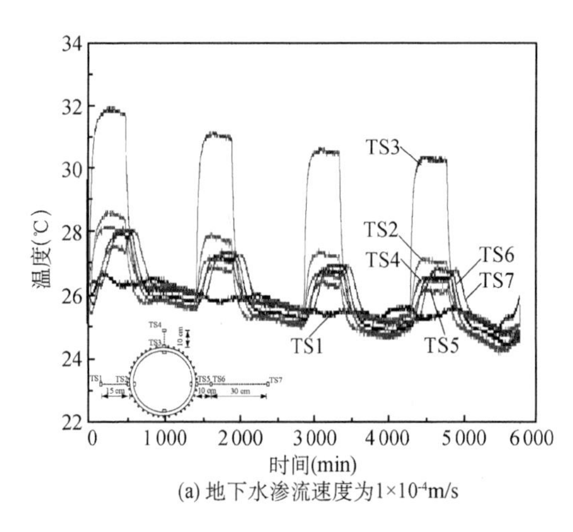

(a) 地下水渗流速度为1×10^{-4}m/s

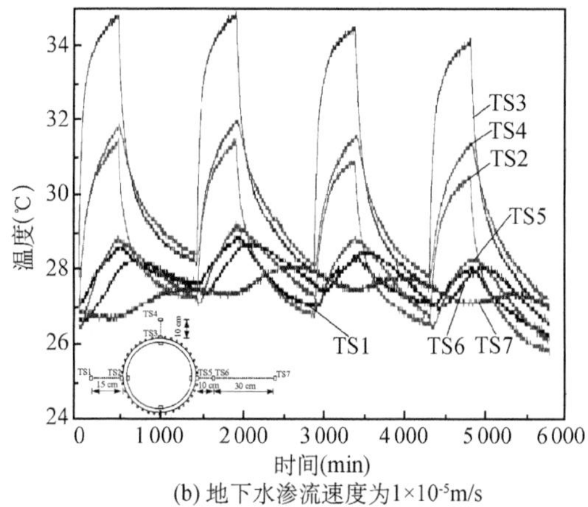

(b) 地下水渗流速度为1×10^{-5}m/s

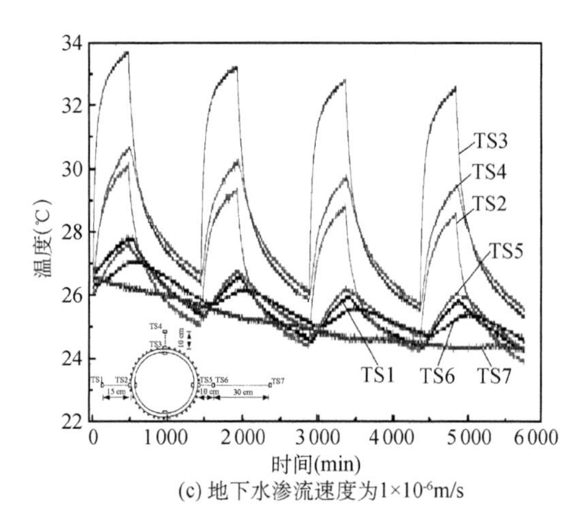

(c) 地下水渗流速度为1×10^{-6}m/s

图 4.9　不同渗流速度下的热交换对围岩地温的影响

为了分析地下水渗流对围岩地温恢复的影响，热交换系统采取运行 8 小时、停止 16 小时的间歇运行模式，即每天的 12:00 开始运行，20:00 停止运行，每个工况持续 4 天。由图 4.9 可知：地下水渗流对围岩温度场的恢复具有显著影响，当地下水渗流速度为 1×10^{-4} m/s 时，测点 TS2、TS3 和 TS4 位于地下水流的上游，围岩温度场能够迅速恢复，运行时间与恢复时间比约为 1.8∶1。测点 TS5、TS6 和 TS7 位于地下水流的下游，在热交换系统停止运行后，测点 TS5、TS6 和 TS7 处的围岩温度继续增加，地温完全恢复需要更长的时间，测点 TS5 的运行时间与恢复时间比约为 1.48∶1。当地下水渗流速度为 1×10^{-5} m/s 和 1×10^{-6} m/s 时，在热交换系统停止运行后，各测点的温度迅速下降，未出现继续增加的现象，但地温恢复速度非常缓慢。从图 4.9(b)和(c)可得：同一测点在不同循环周期内的围岩地温恢复能力并不相同，表明洞内气温对围岩地温恢复具有显著影响。

4.2.4 地下水渗流对洞壁温度的影响

由图 4.10 可得：系统热交换对衬砌表面温度和洞内气温具有显著影响，隧道衬砌和洞内空气的温度变化与地下水渗流速度有关，地下水渗流速度为 1×10^{-4} m/s 时，衬砌温度场随着运行时间的增加而逐渐趋于稳定，但各测点稳定后的围岩温度增量均不相同，越靠近热交换管入口处，则温度增长幅度越大，其中最大温度增量为 4.8 ℃；当地下水渗流速度为 1×10^{-5} m/s 和 1×10^{-6} m/s 时，衬砌温度随运行时间持续增长趋势，最大的温度增量分别为 6.3 ℃和 6.6 ℃。当地下水流速为为 1×10^{-4} m/s 时，测点 TL1 和 TL2 的最大温差为 0.5 ℃，当系统停止运行后，测点 TL2 的温度出现持续增加的趋势；当地下水渗流速度为 1×10^{-5} m/s 和 1×10^{-6} m/s 时，测点 TL1 和 TL2 的温度随时间变化规律一致，最大温差仅为 0.2 ℃，表明地下水渗流速度小于 1×10^{-5} m/s 时，对衬砌温度场的影响很小。由图 4.10 还可得：热交换对隧道洞内空气温度场也产生影响，当热交换系统运行时，隧道洞内气温上升，但不同地下水渗流速度下的气温上升规律也不相同，当地下水渗流速度为 1×10^{-4} m/s 时，随着运行时间的增加而逐渐趋于稳定，洞内气温高于室内气温，但二者的变化趋势完全一致；当地下水渗流速度为 1×10^{-5} m/s 和

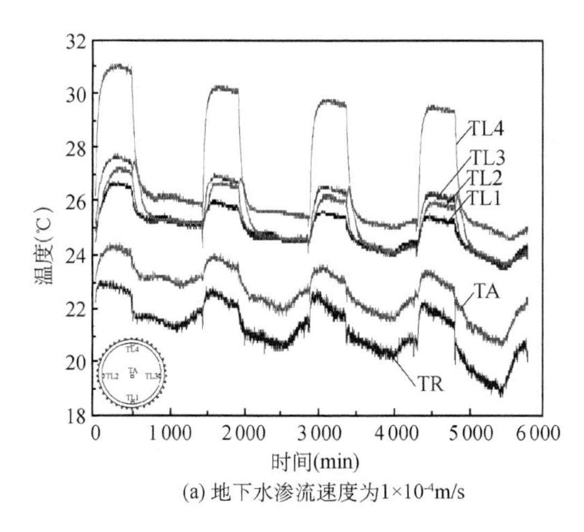

(a) 地下水渗流速度为1×10⁻⁴m/s

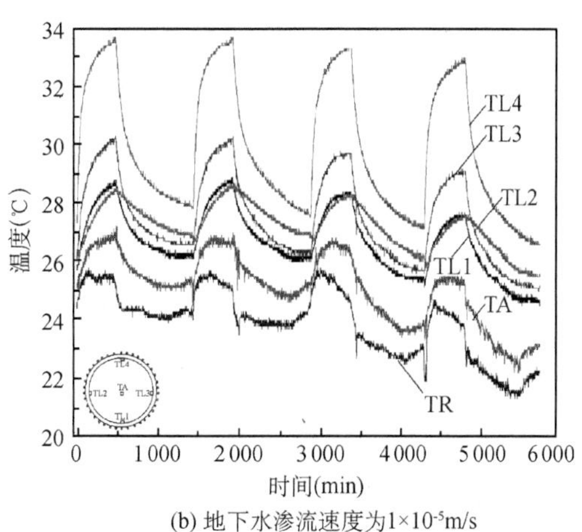

(b) 地下水渗流速度为1×10⁻⁵m/s

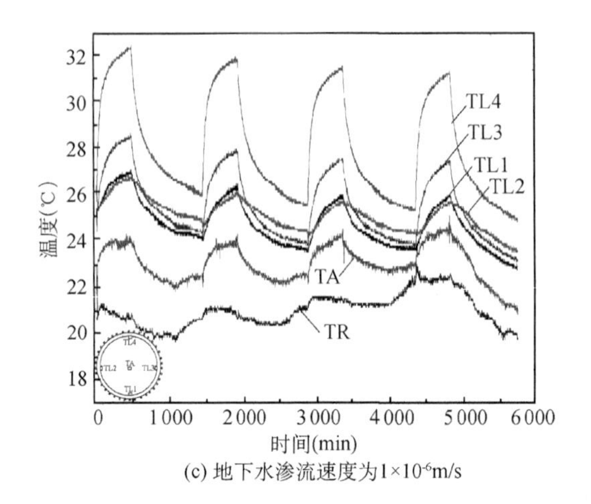

(c) 地下水渗流速度为1×10^{-6}m/s

图 4.10　不同渗流速度下的热交换对洞内空气和衬砌温度的影响

1×10^{-6} m/s 时,洞内气温随着系统运行时间的增加而持续升高,洞内气温高于室内气温,但二者的变化趋势不一致。上述试验结果表明:地下水渗流速度越小,衬砌与洞内空气之间的热交换量越大,洞内气温上升越快,温度增幅越大。

由图 4.10 还可得:隧道衬砌温度存在显著差异,地下水渗流速度分别为 1×10^{-4} m/s、1×10^{-5} m/s 和 1×10^{-6} m/s,在垂直隧道轴向的横断面内,衬砌表面温度测点之间的最大温差分别为 4.3 ℃、5.2 ℃和 5.7 ℃,地下水渗流速度越小,则温差越大。由图 4.9 和图 4.10 可得:隧道衬砌两侧的温差最大值约为 2 ℃。上述研究表明:热交换导致隧道衬砌结构内的温度场不均匀,导致隧道衬砌结构承受附加的温度应力,在进行衬砌热交换设计时,应考虑温度应力对衬砌结构受力的影响。

4.2.5　热交换管布设形式对换热量的影响

图 4.11 为热交换入口温度为 42 ℃,地下水渗流速度为 1×10^{-4} m/s 时,热交换管出口温度和换热量随时间的变化曲线。热交换管有三种布设形式,type 1 的热交换管间距为 2.25 cm,热交换管横向布置;type 2 的热交换管间距为 2.25 cm,热交换管纵向布置;type 3 的热交换管间距为 1.125 cm,热交换管横向布置。

由图 4.11 可得:三种不同布设类型的热交换管中,type 3 的出口温度最低,热交换管间距越小,出口温度与入口温度的温差越大;当热交换管间距均为 2.25 cm 时,横向布置 type 1 比纵向布置 type 2 的出口温度低,与入口温度的温差大。上述分析可得:小间距横向布置的热交换管的出口温度与入口温度的温差最大。由图 4.11 还可得:三种不同布设形式的热交换管中,type 1 的换热量最大,而 type 3 的换热量最小。具体原因如下:三组热交换管入口处的水头相同,由于三种布设形式的热交换管的长度和弯头数量

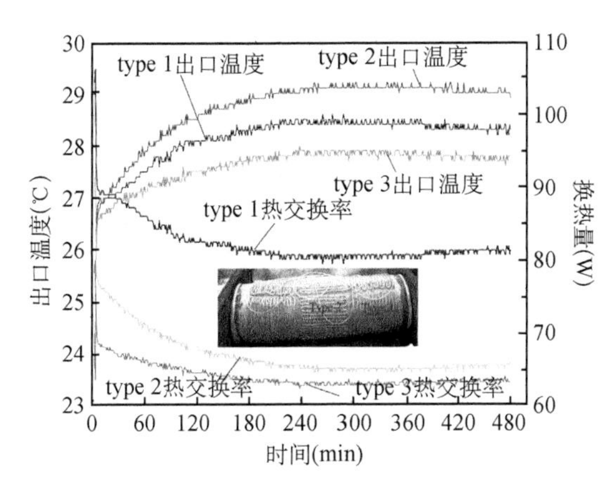

图 4.11 热交换管布设形式对热交换的影响

均不相同,导致三种形式热交换的水头损失不同,type 1 的水头损失最小,管内流速最大,而 type 3 的水头损失最大,管内流速也最小。热交换管的换热量与流速和温差均成正比。在水头相同的情况下,较大的热交换管间距和横向布置有利于热交换,热交换管的换热效率最高。

4.3 通风和地下水渗流耦合作用下的隧道衬砌换热器传热特性

4.3.1 通风对出口温度的影响

图 4.12 为通风和地下水渗流耦合作用下的热交换管出口温度随时间的变化曲线,由图 4.12 可得:热交换管出口温度在通风和渗流耦合作用下均趋于稳定,地下水渗流速度越大,则稳定所需的时间则越短;洞内风速越大,则稳定温度越低。由图 4.12 还可得:地下水渗流速度、热交换管间距对热交换管出口温度的影响程度与通风和围岩地温有关,当围岩地温为 30 ℃时,在隧道通风前,管间距为 2.25 cm 时的出口温度高于 1.125 cm 时的出口温度,且渗流速度越大,则出口温度越高;在隧道通风后,地下水渗流速度为 5×10^{-4} m/s 下的出口温度高于 1×10^{-4} m/s 下的出口温度,且管间距越大,则出口温度越高;当围岩地温为 20 ℃时,管间距为 2.25 cm 时的出口温度高于 1.125 cm 时的出口温度,且渗流速度越小,则出口温度越高。图 4.12(b)表明,当管间距为 1.125 cm 时,随着风速的增加,地下水渗流速度分别为 1×10^{-4} 和 5×10^{-4} m/s 下的出口温度相同,地下水渗流对热交换管出口温度基本无影响。

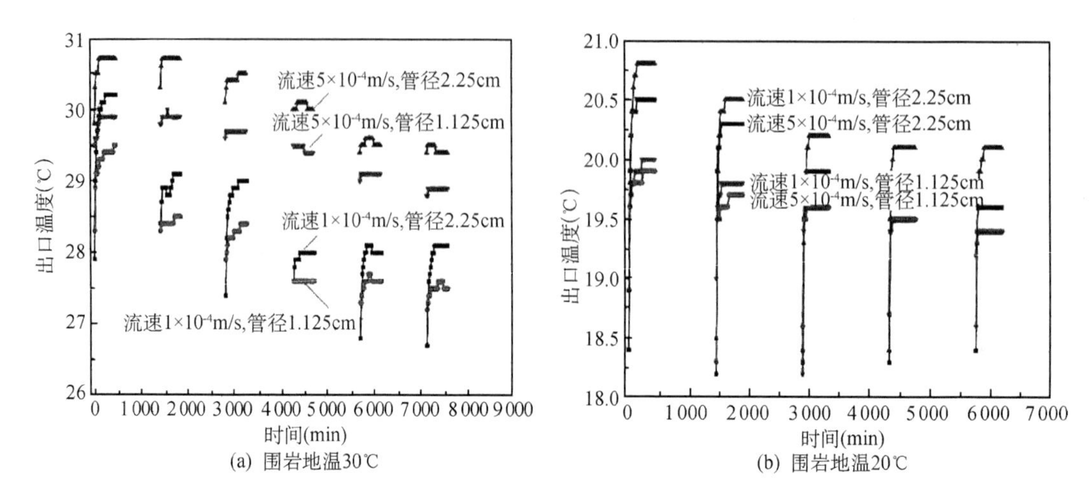

图 4.12 热交换管出口温度随时间的变化曲线

图 4.13 为热交换管进、出口温差随风速的变化曲线。图 4.13 表明：热交换管进、出口温差随着风速的增加而增加，但不同地下水渗流速度下的进、出口温差增长趋势不同，当地下水渗流速度为 1×10^{-4} m/s 时，进、出口温差随着风速的增加呈现先升高并逐渐趋于稳定的趋势。地温和热交换管间距对进、出口温差具有显著影响，地温越高，间距越小，则热交换管进、出口温差越大；当地下水渗流速度为 5×10^{-4} m/s 时，进出口温差随着风速的增加而持续增加，间距越小，则热交换管进出口温差越大。

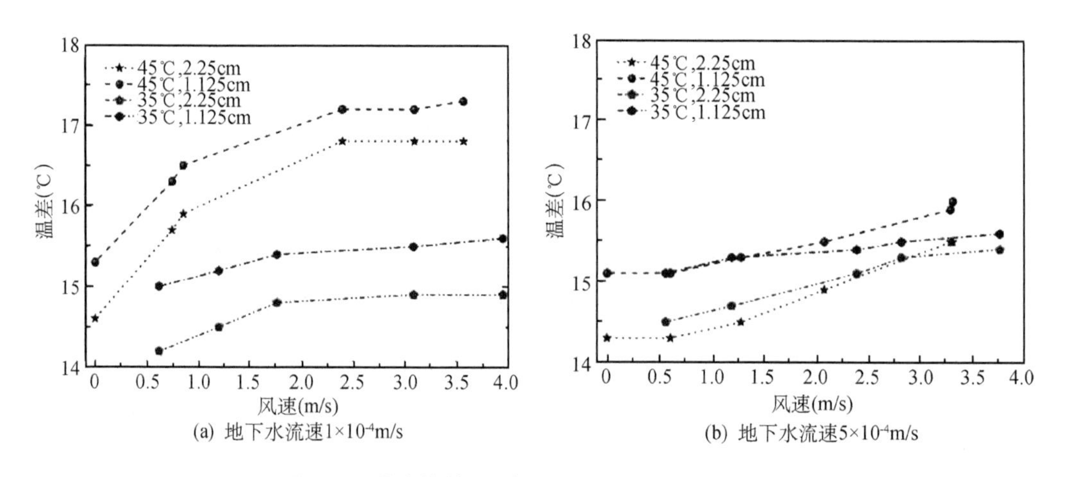

图 4.13 热交换管进、出口温差与风速的关系曲线

上述分析表明，隧道通风加强了热交换管与围岩的热交换，隧道风速越大，则热交换管进、出口温差越大，但隧道通风对进、出口温差的影响程度与围岩地温、地下水渗流速度和热交换管间距等因素有关。在进行隧道衬砌热交换器设计时，应考虑上述诸因素对其换热的影响。

4.3.2　通风对围岩温度的影响

图 4.14 为通风和地下水渗流耦合作用下的隧道围岩温度随时间的变化曲线，由图 4.14 可得，热交换管换热对隧道围岩温度场的影响与地下水渗流和隧道通风有关，地下水渗流速度和风速越小，则温度增幅越大。不同测点处的温度增幅受地下水流向影响，位于地下水渗流场上游的测点 TS1 和 TS4 的围岩温度增幅小，而位于下游的测点 TS6 和 TS7 的围岩温度增幅大。围岩地温恢复时间与地下水渗流速度和渗流方向有关，地下水渗流速度越大，则地温恢复所需的时间越短；当热交换管换热停止后，位于地下水渗流场上游的测点 TS2 和 TS3 处的围岩温度立刻下降，围岩地温恢复快。位于地下水渗流场下游的测点 TS5 处的围岩温度则持续一段时间后才开始下降，围岩地温恢复慢。上述研究表明，位于地下水渗流场下游的热交换管换热会受到上游热交换的不利影响，为了提高隧道衬砌热交换器的换热能力，则热交换管宜布置于地下水渗流场上游。

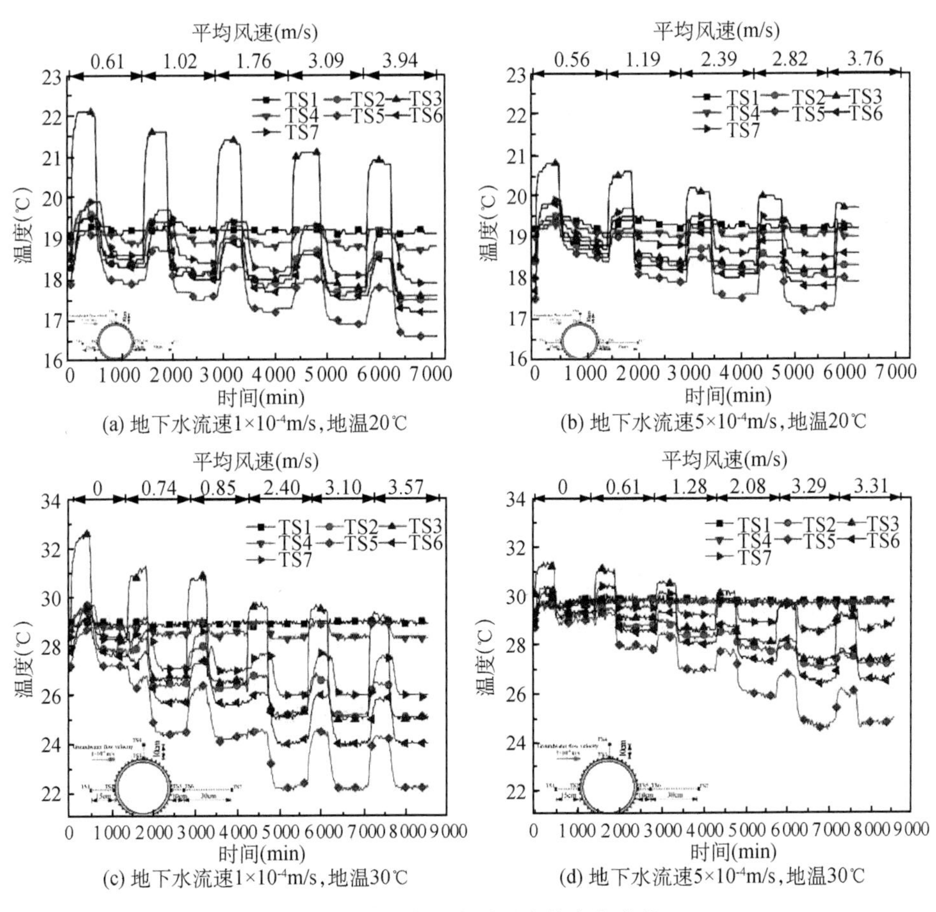

图 4.14　围岩温度随风速的变化曲线

由图 4.14 还可得，当地下水渗流速度为 1×10^{-4} m/s 时，洞内未通风时，地下水渗流场上下游的温差为 1.2 ℃；当隧道通风后，地下水渗流场上下游处的最大温差为 2.9 ℃。当地下水渗流速度为 5×10^{-4} m/s 时，洞内未通风时，地下水渗流场上下游的温差为 0.7 ℃；当隧道通风后，地下水渗流场上下游处的最大温差为 2.6 ℃，隧道通风加剧了围岩地温场分布不均匀。张国柱[24]等人建立了隧道衬砌热交换器的传热模型，分析了围岩地温对热交换管换热量的影响，换热量与围岩地温呈线性关系，围岩地温越高，则热交换管从围岩中可提取的热量越多。上述分析表明，在通风和地下水渗流耦合作用时，隧道衬砌换热器的热交换管宜布设于地下水渗流场上游。

4.3.3　通风作用下的衬砌与洞内空气耦合传热分析

图 4.15 为通风和地下水渗流耦合作用下的隧道洞壁和洞内气温随时间的变化曲线。

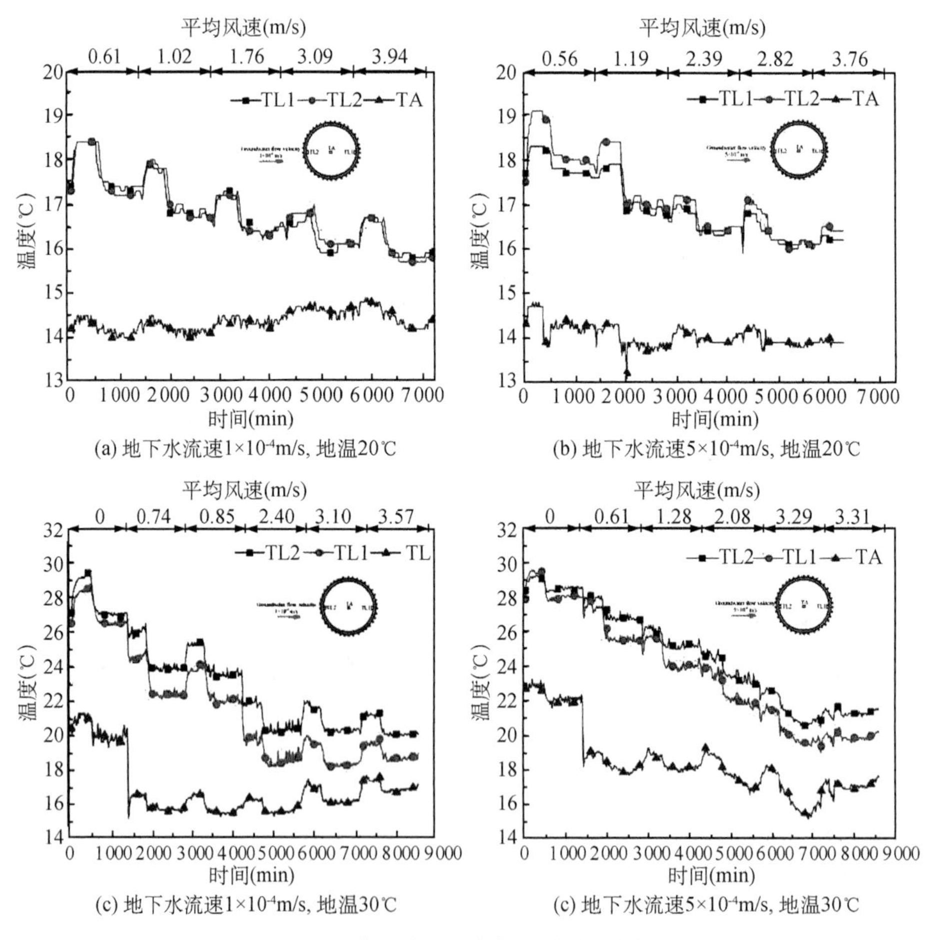

(a) 地下水流速1×10⁻⁴m/s, 地温20℃

(b) 地下水流速5×10⁻⁴m/s, 地温20℃

(c) 地下水流速1×10⁻⁴m/s, 地温30℃

(c) 地下水流速5×10⁻⁴m/s, 地温30℃

图 4.15　隧道洞壁和洞内气温随时间变化曲线

由图 4.15 可得，隧道通风对洞壁温度具有显著影响，隧道洞壁温度随着风速的增加而下降，风速越大，则洞壁温度越低。洞内气温与隧道通风密切相关，当隧道洞内无通风时，隧道洞内气温大幅度升高；当隧道通风后，隧道洞内气温则急剧下降。热交换管换热对洞壁温度和洞内气温均有影响，当热交换管换热时，隧道洞壁温度和洞内气温升高，当热交换管换热停止后，隧道洞壁温度和洞内气温下降。上述分析表明，隧道洞内气温与洞壁温度二者相互影响，洞内空气为传热介质，其内部会传递热量。在进行隧道衬砌热交换器传热计算分析时，应考虑洞内空气与洞壁的耦合传热。如果直接将洞内气温视作对流换热外边界，会导致热交换管换热量的计算值大于实际值，从而导致设计的热交换管路不足，无法满足建筑供热需求。

图 4.16 为洞壁与洞内空气之间的温差随风速的变化曲线，由图 4.16 可得，隧道洞壁与空气的温差与风速、地下水渗流速度和围岩地温有关，洞壁与空气的温差随着风速的增加呈先升高后下降的趋势，风速越大，洞内空气从围岩中取走的热量则越多，洞壁与气体的温差则越小；地下水渗流速度对洞壁与空气的温差影响显著，地下水渗流速度越大，则洞壁与空气的温差则越大；围岩地温对洞壁与气温的影响非常显著，围岩地温越高，则洞壁与空气的温差则越大。由图 4.16 还可得，隧道衬砌表面温度在横向分布不均匀，位于地下水渗流场上游的洞壁温度高于下游的洞壁温度，地温越高，地下水渗流速度越小，则上、下游洞壁表面的温差越大。洞内气温对洞壁与空气的温差也有显著影响，当地温为 45 ℃，地下水渗流速度为 5×10^{-4} m/s 时，风速由 3.29 m/s 增加至 3.31 m/s，但洞壁与空气的温差却急剧减小，洞壁温度呈上升的趋势，主要原因是由洞内气温升高所导致的。上述研究表明，隧道洞壁温度与风速、气温、围岩地温、地下水渗流速度等因素有关，洞壁与洞内空气二者之间耦合传热。

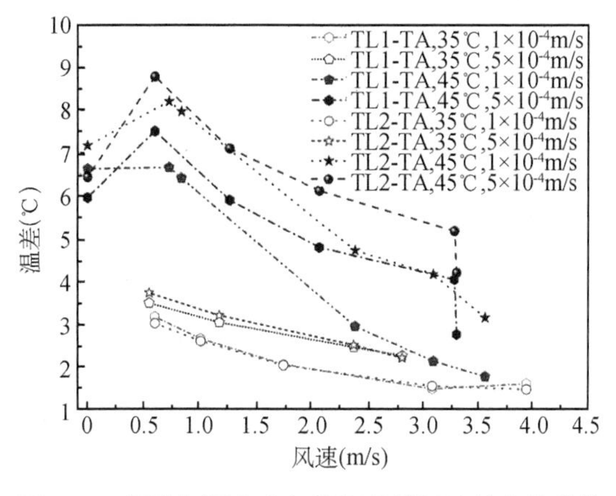

图 4.16 洞壁与洞内空气的温差随风速的变化曲线

4.4 小结

1. 地下水渗流作用对热交换管的换热量产生显著影响，地下水渗流流速越大，则热交换达到稳定状态所需要的时间越短。在相同渗流速度条件下，温差对热交换稳定所需时间的影响不显著。但渗流速度越大，且温差越大时，换热量也越大，越有利于地温能的提取。热交换管的换热量与流速和温差均成正比。在水头相同的情况下，较大的热交换管间距和横向布置有利于热交换，热交换管的换热效率最高，可提升地源热泵系统的运行效率，节约成本。

2. 在不同的地下水渗流速度作用下，热交换对围岩温度场的在水平和垂直方向上的影响范围存在显著差异。在平行于地下水渗流方向，渗流速度越大，则热交换对围岩温度场的影响范围越大；在垂直于地下水渗流方向，渗流速度越大，热交换对围岩温度场的影响范围越小。

3. 隧道通风对洞壁温度具有显著影响，隧道洞壁温度随着风速的增加而下降，风速越大，则洞壁温度越低。此外，隧道洞壁温度与风速、气温、围岩地温、地下水渗流速度等因素有关。

5 隧道围岩地温能热传递理论模型及影响分析

为合理布置隧道衬砌换热器的热交换管，充分利用一定埋深下的隧道围岩的地温能，在进行隧道衬砌换热器设计之前，需进行隧道围岩地温能计算。

Lai 等人[29]应用无量纲量和摄动技术获得了永久冻土区圆形隧道温度场的解析解。张耀等[30]根据隧道现场实测的气温资料，考虑正弦曲线规律变化的对流换热边界条件，建立了圆形隧道热传导方程，运用微分方程求解方法和贝塞尔特征函数的正交和展开定理，得到了寒区有隔热层的圆形隧道温度场解析解。但上述求解都要求隧道洞内气温为已知的，当洞内气温未知时，上述方法则无法进行围岩温度场的求解。需开展隧道洞内气体温度场解析解的研究。

Krarti 和 Kreider[31]利用准稳态传热方法和能量守恒原理获得了地下风洞洞内气体温度场，获得了年平均温度和年温度振幅的解析解。Takumi 等人[32]利用叠加原理和能量守恒原理求得了寒区隧道洞内空气温度场的解析解。上述研究成果适用于单层或两层传热介质的洞内空气温度场理论计算，但不适用于考虑隔热层、二次衬砌、初衬和围岩等多层介质的洞内空气温度场的求解。

根据传热学理论，建立考虑衬砌和隔热层的隧道传热方程，采用叠加原理和拉普拉斯变换相结合的方法，对传热方程进行求解，求得隧道隔热层、衬砌和围岩的温度场解析解。与常用的格林函数法[33]和分离变量法[34]相比，该方法求解过程简单，计算量小。建立考虑衬砌和隔热层的洞内空气与洞壁的气-固耦合传热方程，获得洞内空气年平均温度和年温度振幅的计算公式。将本文解析解分别与张耀和 Takumi 的解析解，以及隧道温度场监测数据进行对比验证。利用验证后的隧道温度场解析解，参数分析隧道洞口气温、洞内风速、隧道长度、埋深和隔热层厚度对隧道围岩地温场的影响，以便合理充分开发利用隧道围岩地温能。

本解析解可在隧道开挖之前，根据洞口大气温度，计算任何位置和任何时间的隧道温度场。克服了 Takumi 的洞内空气温度场解析解只能用于计算双层复合介质的局限性，可用于计算考虑隧道隔热层、二衬、初衬和围岩等多层复合介质隧道空气温度场的计算。

5.1 考虑衬砌和隔热层的隧道围岩温度场解析解

隧道是一个复杂的结构体，为获得隧道围岩温度场的解析解，需做如下几点假设[32]：

(1) 隧道横断面为圆形，实际的隧道断面形式为马蹄形，非常接近于圆形，为便于计算，将实际断面按圆形断面考虑。

(2) 不考虑隔热层与二衬，二衬与初衬和衬砌与围岩之间的接触热阻，接触边界处满足温度和热流量相等的连续条件。

(3) 隧道衬砌、围岩常热物性，即导热系数、比热容和密度不随温度而发生变化。

5.1.1 传热方程

隧道洞内气温沿隧道轴向增长缓慢[32, 35, 36]，隧道围岩的热传导以径向为主，轴向的热传导非常微弱。在理论计算时，仅考虑隧道围岩在径向发生的热传导，隧道围岩传热按二维传热计算模型计算(见图 5.1)。

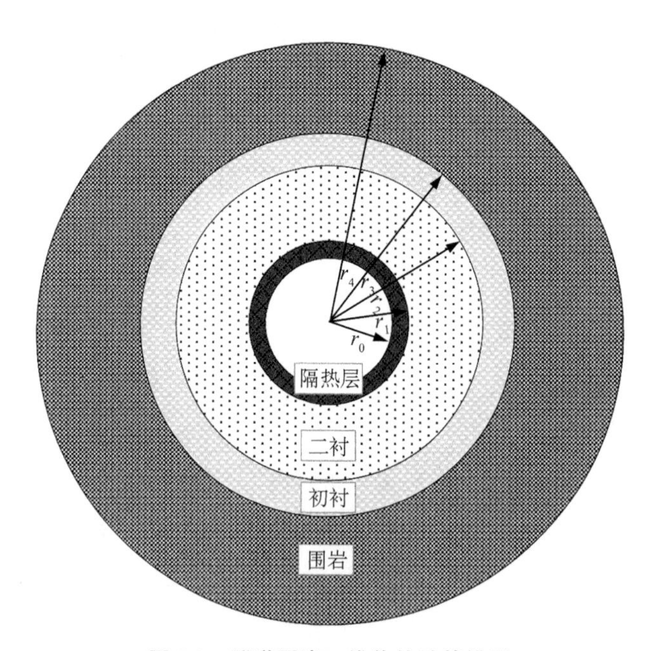

图 5.1 隧道围岩二维传热计算模型

由图 5.1 可得，考虑衬砌和隔热层的隧道围岩传热属于圆形复合介质热传导问题，根据圆形复合介质热传导理论[34]，建立考虑衬砌和隔热层的隧道热传导方程。

隔热层传热方程：

$$\frac{\partial^2 T_1(r, t)}{\partial r^2}+\frac{1}{r}\frac{\partial T_1(r, t)}{\partial r}=\frac{1}{\alpha_1}\frac{\partial T_1(r, t)}{\partial t} \tag{5.1a}$$

二衬传热方程：

$$\frac{\partial^2 T_2(r, t)}{\partial r^2}+\frac{1}{r}\frac{\partial T_2(r, t)}{\partial r}=\frac{1}{\alpha_2}\frac{\partial T_2(r, t)}{\partial t} \tag{5.1b}$$

初衬传热方程：

$$\frac{\partial^2 T_3(r, t)}{\partial r^2}+\frac{1}{r}\frac{\partial T_3(r, t)}{\partial r}=\frac{1}{\alpha_3}\frac{\partial T_3(r, t)}{\partial t} \tag{5.1c}$$

围岩传热方程：

$$\frac{\partial^2 T_4(r, t)}{\partial r^2}+\frac{1}{r}\frac{\partial T_4(r, t)}{\partial r}=\frac{1}{\alpha_4}\frac{\partial T_4(r, t)}{\partial t} \tag{5.1d}$$

式中：T_1 为隔热层温度；T_2 为二衬温度；T_3 为初衬的温度；T_4 为围岩的温度；α_1 为隔热层的热扩散系数；α_2 为二衬钢筋混凝土的热扩散系数；α_3 为初衬钢筋混凝土的热扩散系数；α_4 为围岩的热扩散系数；r 代表极坐标；t 为时间。

5.1.2 定解条件

在获得了隧道热传导方程后，对于特定的问题，加上定解条件就构成了完整的数学模型。定解条件包括边界条件和初始条件。

1) 边界条件

(1) 内边界条件

在车流、隧道通风及自然气压差的作用下，隧道洞内空气与洞壁发生强迫对流换热：

$$-k_1\frac{\partial T_1(r_0, t)}{\partial r}=-h(T_1(r_0, t)-f(z, t)) \tag{5.2}$$

多条隧道洞内空气温度场现场监测数据表明，隧道洞内空气温度场 $f(z, t)$ 呈三角函数周期变化[32, 35-38]，表达式如下：

$$f(z, t)=T_{M, in}(z)+T_{A, in}(z)\cos(\omega t+\varphi) \tag{5.3}$$

式中：h 为洞内空气与洞壁的对流换热系数；k_1 为隔热层的导热系数；$T_{M, in}(z)$ 为洞内空气的年平均温度；$T_{A,in}(z)$ 为洞内空气的年温度振幅；$\omega=2\pi/T$；φ 为相位。

(2) 外边界条件

在隧道未开挖时，位于一定埋深下的隧道围岩的温度比较恒定；隧道开挖后，在强迫对流换热作用下，洞内空气与隧道围岩发生热交换，改变了隧道围岩的原始温度场。越靠近洞壁，洞内空气对隧道围岩温度场的影响则越显著，随着距洞壁距离的增加，隧道洞内空气对围岩温度场的影响不断减弱，在距洞壁足够远处，则隧道围岩温度与原始温度相同，不受洞内空气温度场的影响。即：

$$T_4(r_4,t)=T_0 \tag{5.4}$$

式中：T_0 为隧道围岩的原始温度。

围岩的原始温度与围岩的埋深 H 和地温增长梯度 K 有关，计算式如下：

$$T_0=T_c+(H-R_0-R_1)K \tag{5.5}$$

式中：T_c 为恒温层围岩的温度；R_0 为隧道围岩温度场影响深度；R_1 为恒温层埋深。

(3) 接触边界条件

根据假设条件(2)，不考虑隔热层与二衬、二衬与初衬、初衬与围岩之间的接触热阻，接触边界处满足温度和热流相等的连续条件：

隔热层与二衬接触边界：

$$T_1(r_1,t)=T_2(r_1,t) \tag{5.6}$$

$$k_1\frac{\partial T_1(r_1,t)}{\partial r}=k_2\frac{\partial T_2(r_1,t)}{\partial r} \tag{5.7}$$

二衬与初衬接触边界：

$$T_2(r_2,t)=T_3(r_2,t) \tag{5.8}$$

$$k_2\frac{\partial T_2(r_2,t)}{\partial r}=k_3\frac{\partial T_3(r_2,t)}{\partial r} \tag{5.9}$$

初衬与围岩接触边界：

$$T_3(r_3,t)=T_4(r_3,t) \tag{5.10}$$

$$k_3\frac{\partial T_3(r_3,t)}{\partial r}=k_4\frac{\partial T_4(r_3,t)}{\partial r} \tag{5.11}$$

式中：k_1 为隔热层的导热系数；k_2 为二衬钢筋混凝土的导热系数；k_3 为初衬钢筋混凝土

的导热系数；k_4 为围岩的导热系数。

2）初始条件

在隧道建设过程中，由于施工的影响，隧道围岩初始温度场被扰动。根据隧道原始温度和隧道洞内空气的温度分布特征，以洞内空气年平均温度和隧道围岩原始地温确定的稳态温度场作为隧道的初始温度场 $f_i(r)$：

$$T_i(r,\ 0)=f_i(r) \tag{5.12}$$

5.1.3 方程求解

上述研究建立的考虑衬砌和隔热层的隧道热传导方程属于圆形复合介质非齐次边界条件瞬态热传导问题。有关圆形复合介质非齐次边界条件瞬态热传导问题的研究成果已很多[30, 33, 34]。但上述研究成果均需求解特征函数和特征值，其求解过程非常复杂，无法获得便于计算的显式解析解。Lu 等人[39-41]提出了利用拉普拉斯变换法求解圆形复合介质非齐次边界条件下瞬态热传导问题的新方法，该方法避免了特征函数和特征值的复杂求解过程，可以直接获得圆形复合介质非齐次边界条件下瞬态热传导方程的显式解析解。但该方法也具有局限性，只适用于初始温度场为 0 ℃的特殊情况。隧道围岩温度场受施工扰动和洞内气温的影响，隧道初始温度不为 0 ℃，所以上述方法不能直接用于求解隧道围岩温度场解析解。本文利用叠加原理将复杂的隧道热传导问题分解为由洞内空气年平均温度和围岩原始地温确定的稳态温度场和初始温度为 0 ℃的随时间周期变化边界条件下的瞬态温度场。下面详细介绍求解过程。

利用叠加原理[34]将圆形复合介质的瞬态非齐次边界条件下的热传导方程进行如下分解：

$$T_i(r,\ t)=T_{1i}(r,\ t)+T_{2i}(r,\ t) \tag{5.13}$$

函数 $T_{1i}(r,\ t)$ 和 $T_{2i}(r,\ t)$ 是下列问题的解。函数 $T_{1i}(r,\ t)$ 与原问题具有相同定义域，瞬态非齐次边界条件下的热传导问题的解：

$$\frac{\partial^2 T_{1i}(r,\ t)}{\partial r^2}+\frac{1}{r}\frac{\partial T_{1i}(r,\ t)}{\partial r}=\frac{1}{\alpha_i}\frac{\partial T_{1i}(r,\ t)}{\partial t} \tag{5.14}$$

边界条件：

$$-k_1\frac{\partial T_{11}(r_0,\ t)}{\partial r}=-h(T_{11}(r_0,\ t)-T_v(z,\ t)) \tag{5.15}$$

$$T_{1i}(r_i, t)=T_{1(i+1)}(r_i, t) \quad i=1, 2, 3 \tag{5.16}$$

$$k_i \frac{\partial T_{1i}(r_i, t)}{\partial r}=k_{i+1} \frac{\partial T_{1(i+1)}(r_i, t)}{\partial r} \quad i=1, 2, 3 \tag{5.17}$$

$$T_{14}(r_4, t)=0 \tag{5.18}$$

初始条件：

$$T_{1i}(r, 0)=0 \quad i=1, 2, 3, 4 \tag{5.19}$$

其中：

$$T_v(z, t)=T_{A, in}(z)\cos(\omega t+\varphi) \tag{5.20}$$

为便于计算，将式(5.20)表示成复数的形式，以便在复坐标系下进行方程求解。

$$T_v(z, t)=T_{A, in}(z)\mathrm{Re}(\mathrm{e}^{i(\omega t+\varphi)}) \tag{5.21}$$

对方程式(5.14)至式(5.19)进行 Laplace(拉普拉斯)变换可得：

$$\frac{\partial^2 R_i(r, s)}{\partial r^2}+\frac{1}{r}\frac{\partial R_i(r, s)}{\partial r}=\frac{s}{\alpha_i}R_i(r, s) \tag{5.22}$$

边界条件：

$$-k_1 \frac{\partial R_1(r_0, s)}{\partial r}=-h(R_1(r_0, s)-R_v(s)) \tag{5.23}$$

$$R_i(r_i, s)=R_{i+1}(r_i, s) \quad i=1, 2, 3 \tag{5.24}$$

$$k_i \frac{\partial R_i(r_i, s)}{\partial r}=k_{i+1} \frac{\partial R_{i+1}(r_i, s)}{\partial r} \quad i=1, 2, 3 \tag{5.25}$$

$$R_4(r_4, s)=0 \tag{5.26}$$

方程(5.22)的通解为：

$$R_i(r, s)=A_i I_0\left(\sqrt{\frac{s}{k_i}}r\right)+B_i K_0\left(\sqrt{\frac{s}{k_i}}r\right) \tag{5.27}$$

其中：$I_0(r)$ 为第一类修正贝塞尔函数；$K_0(r)$ 为第二类修正贝塞尔函数；A_i 和 B_i 由边界条件确定的系数。

将式(5.27)代入边界条件式(5.23)至式(5.26)得：

$$\begin{bmatrix} I_1(\eta_1)-h_0I_0(\eta_1) & -K_1(\eta_1)-h_0K_0(\eta_1) & 0 & 0 & 0 & 0 \\ I_0(\varepsilon_1) & K_0(\varepsilon_1) & -I_0(\eta_2) & -K_0(\eta_2) & 0 & 0 \\ I_1(\varepsilon_1) & -K_1(\varepsilon_1) & -h_1I_1(\eta_2) & h_1K_1(\eta_2) & 0 & 0 \\ 0 & 0 & I_0(\varepsilon_2) & K_0(\varepsilon_2) & -I_0(\eta_3) & -K_0(\eta_3) \\ 0 & 0 & I_1(\varepsilon_2) & -K_1(\varepsilon_2) & -h_1I_1(\eta_3) & h_1K_1(\eta_3) \\ 0 & 0 & 0 & 0 & I_0(\varepsilon_3) & K_0(\varepsilon_3) \end{bmatrix}$$

$$\begin{bmatrix} A_{1m} \\ B_{1m} \\ A_{2m} \\ B_{2m} \\ A_{3m} \\ B_{3m} \end{bmatrix} = \begin{bmatrix} -\alpha_1 R_v(r_0) \\ 0 \\ 0 \\ 0 \\ 0 \\ 0 \end{bmatrix} \tag{5.28}$$

其中：$q_i=\sqrt{\dfrac{s}{k_i}}$，$h_0=\dfrac{\alpha_1}{\lambda_1 q_1}$，$\eta_i=q_i r_{i-1}$，$\varepsilon_i=q_i r_i$，$h_i=\dfrac{\lambda_{i+1}}{\lambda_i}\sqrt{\dfrac{k_i}{k_{i+1}}}$。

令

$$\Delta S=\begin{vmatrix} I_1(\eta_1)-h_0I_0(\eta_1) & -K_1(\eta_1)-h_0K_0(\eta_1) & 0 & 0 & 0 & 0 \\ I_0(\varepsilon_1) & K_0(\varepsilon_1) & -I_0(\eta_2) & -K_0(\eta_2) & 0 & 0 \\ I_1(\varepsilon_1) & -K_1(\varepsilon_1) & -h_1I_1(\eta_2) & h_1K_1(\eta_2) & 0 & 0 \\ 0 & 0 & I_0(\varepsilon_2) & K_0(\varepsilon_2) & -I_0(\eta_3) & -K_0(\eta_3) \\ 0 & 0 & I_1(\varepsilon_2) & -K_1(\varepsilon_2) & -h_1I_1(\eta_3) & h_1K_1(\eta_3) \\ 0 & 0 & 0 & 0 & I_0(\varepsilon_3) & K_0(\varepsilon_3) \end{vmatrix} \tag{5.29}$$

$$\Delta_1(s)=-\alpha_0\frac{\begin{vmatrix} \Delta S \quad \text{删除 } 2i-1 \text{ 列} \\ \text{删除第 1 行} \end{vmatrix}}{\Delta S} \tag{5.30}$$

$$\Delta_2(s)=\alpha_0\frac{\begin{vmatrix} \Delta S \quad \text{删除 } 2i \text{ 列} \\ \text{删除第 1 行} \end{vmatrix}}{\Delta S} \tag{5.31}$$

$$F(s,r)=[\Delta_1 I_0(q_i r)+\Delta_2 K_0(q_i r)] \tag{5.32}$$

考虑衬砌及隔热层的隧道瞬态温度场为：

$$T_{1i}=\mathrm{Re}[F(\omega i,\ r)\times T_v(z,\ t)] \tag{5.33}$$

函数 $T_{2i}(r,\ t)$ 与原问题具有相同定义域,稳态非齐次边界条件下的热传导问题的解：

$$\frac{\partial^2 T_{2i}(r)}{\partial r^2}+\frac{1}{r}\frac{\partial T_{2i}(r)}{\partial r}=0 \tag{5.34}$$

边界条件：

$$-k_1\frac{\partial T_{21}(r_0)}{\partial r}=-h(T_{21}(r_0)-T_{M,\,in}(r_0,\ z)) \tag{5.35}$$

$$T_{2i}(r_i)=T_{2(i+1)}(r_i)\quad i=1,\ 2,\ 3 \tag{5.36}$$

$$k_i\frac{\partial T_{2i}(r_i)}{\partial r}=k_{i+1}\frac{\partial T_{2(i+1)}(r_i)}{\partial r}\quad i=1,\ 2,\ 3 \tag{5.37}$$

$$T_{24}(r_4)=T_0 \tag{5.38}$$

方程(5.34)的通解为：

$$T_{2i}=A_{2i}\ln(r)+B_{2i} \tag{5.39}$$

将式(5.39)代入边界条件式(5.35)至式(5.38)可得：

$$\left(\frac{k_1}{r_0}-h\ln(r_0)\right)A_{21}-hB_{21}=-hT_{M,\,in}(r_0,\ z) \tag{5.40}$$

$$A_{2i}\ln(r_i)+B_{2i}=A_{2(i+1)}\ln(r_i)+B_{2(i+1)} \tag{5.41}$$

$$-\frac{\lambda_i}{r_i}A_{2i}=-\frac{\lambda_{i+1}}{r_i}A_{2(i+1)} \tag{5.42}$$

$$A_{24}\ln(r_4)+B_{24}=T_0 \tag{5.43}$$

令

$$\Delta S'=\begin{vmatrix} \frac{k_1}{r_0}-h\ln(r_0) & -h & 0 & 0 & 0 & 0 \\ \ln(r_1) & 1 & -\ln(r_1) & -1 & 0 & 0 \\ \frac{k_1}{r_1} & 0 & -\frac{k_2}{r_1} & 0 & 0 & 0 \\ 0 & 0 & \ln(r_2) & 1 & -\ln(r_2) & -1 \\ 0 & 0 & \frac{k_2}{r_2} & 0 & -\frac{k_3}{r_2} & 0 \\ 0 & 0 & 0 & 0 & \ln(r_3) & 1 \end{vmatrix} \tag{5.44}$$

$$\Delta_{1'}=-h\frac{\begin{vmatrix} \Delta S' & \text{删除第 } 2j-1 \text{ 列} \\ \text{删除第 1 行} & \end{vmatrix}}{\Delta S} \tag{5.45}$$

$$\Delta_{2'}=-\frac{\begin{vmatrix} \Delta S' & \text{删除第 } 2j-1 \text{ 列} \\ \text{删除第 } 2n \text{ 行} & \end{vmatrix}}{\Delta S} \tag{5.46}$$

$$\Delta_{3'}=h\frac{\begin{vmatrix} \Delta S' & \text{删除第 } 2j \text{ 列} \\ \text{删除第 1 行} & \end{vmatrix}}{\Delta S} \tag{5.47}$$

$$\Delta_{4'}=\frac{\begin{vmatrix} \Delta S & \text{删除第 } 2j \text{ 列} \\ \text{删除第 } 2n \text{ 行} & \end{vmatrix}}{\Delta S} \tag{5.48}$$

$$\bar{F}(r)=[\Delta_{1'}\ln(r)+\Delta_{3'}] \tag{5.49}$$

$$\bar{G}(r)=[\Delta_{2'}\ln(r)+\Delta_{4'}] \tag{5.50}$$

考虑衬砌和隔热层的隧道稳态温度场为：

$$T_{2i}(r)=\bar{F}(r)T_{M,in}(z)+\bar{G}(r)T_0 \tag{5.51}$$

考虑衬砌及隔热层的隧道温度场 $T_i(r,t)=T_{1i}(r,t)+T_{2i}(r)$ 为：

$$T_i=\mathrm{Re}[F(\omega i,r)T_{A,in}(z)\mathrm{e}^{i(\omega t+\varphi)}]+\bar{F}(r)T_{M,in}(z)+\bar{G}(r)[T_C+(H-R_0-R_1)K] \tag{5.52}$$

为获得完整的隧道温度场解析解，还需要确定洞内空气的年平均温度 $T_{M,in}(z)$ 和年温度振幅 $T_{A,in}(z)$。

5.2 隧道内空气温度场的解析解

目前计算隧道围岩温度场的常用方法是布置温度传感器用于监测隧道内空气温度。采用监测到的隧道内空气温度作为求解隧道围岩温度场的边界条件。但该方法仅适用于已贯通的隧道,不适用于未开挖隧道。因此,需要对隧道内空气温度场的计算理论进行研究。

隧道内空气与隧道衬砌表面产生自由对流和强迫对流,其传热过程非常复杂。要得到隧道内空气温度场的解析解,需要做以下假设:隧道内风速恒定;如果只考虑隧道内空气的强制对流,而不考虑自由对流,隧道截面内的空气温度是相等的。

基于上述假设,隧道内空气传热计算模型如图 5.2 所示。

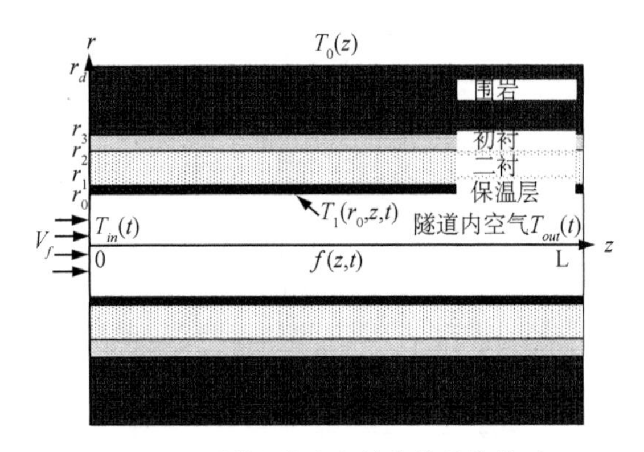

图 5.2 隧道洞内空气的传热计算模型

图中,$T_{in}(t)$ 为隧道入口温度;$T_{out}(t)$ 为隧道出口温度;$T_1(r_0, z, t)$ 为隧道衬砌表面温度;$f(z, t)$ 为隧道内的空气温度。选取隧道内 z 方向上极小的间隔 dz 为研究对象。根据能量守恒原理,隧道内空气在极小间隔 dz 的热量增量等于隧道内空气与隧道衬砌面对流换热量。dz 体积单元的能量守恒方程如下:

$$\frac{\partial f(z, t)}{\partial t} + V_f \frac{\partial f(z, t)}{\partial z} = -\frac{ph}{\rho A c_p}(f(z, t) - T_1(r_0, z, t)) \tag{5.53}$$

c_p 为隧道内空气的比热容;V_f 为隧道内的空气速度;A 为隧道截面的截面积;p 为隧道的弧长;h 为隧道衬砌表面的对流换热系数。

5.2.1 年温度幅值的解析解

将空气温度场函数式(5.3)代入式(5.53),得到隧道内空气年温度幅值微分方程如下所示：

$$V_f \frac{\mathrm{d}T_A(z)}{\mathrm{d}z} = \left[\frac{ph_f}{\rho A c_p}(F(\omega i, r_0) - 1) - \omega i \right] T_A(z) \tag{5.54}$$

$$T_A(0) = T_{in,A} \tag{5.55}$$

$$T_A(L) = T_{out,A} \tag{5.56}$$

式中 $T_{in,A}$ 为隧道入口空气年温度幅值，$T_{out,A}$ 为隧道出口空气年温度幅值。

由式(5.54)和(5.55)可得：

$$T_{A1}(z) = \mathrm{Re}\left[T_{in,A} \mathrm{e}^{-\left[\frac{2h(1-F(\omega i, r_0)) + \rho r_0 c_p \omega i}{\rho r_0 c_p V_f}\right] z} \right] \tag{5.57}$$

由式(5.54)和(5.56)可得：

$$T_{A2}(z) = \mathrm{Re}\left[T_{out,A} \mathrm{e}^{-\left[\frac{2h(1-F(\omega i, r_0)) + \rho r_0 c_p \omega i}{\rho r_0 c_p V_f}\right] (L-z)} \right] \tag{5.58}$$

隧道内空气的年温度幅值取决于隧道出口和入口空气的年温度幅值。在距隧道入口 L_A 处，由隧道入口处年温度幅值确定的全年气温幅值与隧道出口处年温度幅值确定的全年气温幅值相等。L_A 可以通过式(5.59)得到。

$$T_{A1}(L_A) - T_{A2}(L_A) = 0 \tag{5.59}$$

如果 $0 \leqslant z \leqslant L_A$，可用式(5.57)计算隧道内空气的年温度幅值。如果 $L_A < z \leqslant L$，可用式(5.58)计算隧道内空气的年温度幅值。

5.2.2 年平均温度的解析解

将空气温度场函数式(5.3)代入式(5.53)得到年平均气温的微分方程，如下所示：

$$V_f \frac{\mathrm{d}T_M(z)}{\mathrm{d}z} = -\frac{ph_f}{\rho A c_p}\left[T_M(z) - \bar{F}(r_0) T_M(z) - \bar{G}(r_0) T_0(z) \right] \tag{5.60}$$

$$T_M(0) = T_{in,M} \tag{5.61}$$

$$T_M(L) = T_{out,M} \tag{5.62}$$

式中 $T_{in,M}$ 为隧道入口空气年平均温度，$T_{out,M}$ 为隧道出口空气年平均温度。

由式(5.60)和(5.61)可得：

$$T_{M1}(z) = \mathrm{e}^{-Cz}\left[T_{in,M} - P_1(0) + P_1(z) \right] \tag{5.63}$$

$$P_1(z)=\int DT_{10}(z)\mathrm{e}^{Cz}\mathrm{d}z \tag{5.64}$$

$$T_{10}(z)=T_c+[H_1(z)-(r_d-r_0)-d_T]\cdot K \tag{5.65}$$

$$C=\frac{2h}{\rho r_0 c_p V_f}(1-\bar{F}(r_0)) \tag{5.66}$$

$$D=\frac{2h}{\rho r_0 c_p V_f}G(r_0) \tag{5.67}$$

由式(5.60)和(5.62)可得：

$$T_{M2}(z)=\mathrm{e}^{-C(L-z)}[T_{out,M}-P_2(0)+P_2(L-z)] \tag{5.68}$$

$$P_2(z)=\int DT_{20}(z)\mathrm{e}^{Cz}\mathrm{d}z \tag{5.69}$$

$$T_{20}(z)=T_c+[H_2(z)-(r_d-r_0)-d_T]\cdot K \tag{5.70}$$

式中，L 为隧道长度；$H_1(z)$ 为隧道深度随到隧道入口水平距离变化的数学表达式。函数 $H_2(z)$ 满足以下方程：

$$H_2(L-z)=H_1(z) \tag{5.71}$$

隧道内空气的年平均温度取决于隧道入口和出口空气的年平均温度。在距隧道入口 L_M 处，由隧道入口处空气年平均温度确定的隧道内空气年平均温度与隧道出口处空气年平均温度确定的隧道内空气年平均温度相等。由式(5.72) 可得 L_M：

$$T_{M1}(L_M)-T_{M2}(L_M)=0 \tag{5.72}$$

如果 $0\leqslant z\leqslant L_M$，可用式(5.63) 计算隧道内空气的年平均温度。如果 $L_A<z\leqslant L$，可用式(5.68)计算隧道内空气的年平均温度。

5.3 与现有的解析解及隧道温度场监测数据对比验证

为验证考虑衬砌和隔热层的隧道围岩和洞内空气温度场解析解的准确性，将本文获得的考虑衬砌和隔热层的隧道围岩温度场解析解分别与张耀等[30]提出的隧道围岩温度场解析解和风火山隧道围岩温度场监测数据进行对比；将本文获得的考虑衬砌和隔热层的隧道洞内空气温度场的解析解分别与 Takumi 等人[32]提出的隧道洞内空气温度场解析解和隧道空气温度场监测数据进行对比验证。

5.3.1 与张耀解析解及监测值对比

以青藏铁路线风火山隧道为例，验证隧道围岩温度场解析解的准确性。青藏铁路风火山隧道的计算内径为 3.5 m(r_0=3.5 m)，二次衬砌厚 0.5 m(r_1=4.0 m)，隔热层厚 0.05 m(r_2=4.05 m)，初衬厚 0.3 m(r_3=4.35 m)，围岩厚 5.0 m(r_4=9.35 m)。各种材料的热物性参数如表 5.1 所示。

表 5.1 材料的热物性参数(张耀，2009)

材料	导热系数 (θ) W/(m·℃)	热扩散系数 ($\zeta_i(r,\theta,t)$) m^2/s
聚氨酯泡沫	0.030	4.17×10^{-7}
钢筋混凝土	1.355	5.50×10^{-7}
岩体	1.825	1.13×10^{-6}

隧道洞内气体与洞壁的对流换热系数 h_f 为 15 W/(m^2·℃)，隧道围岩的原始温度 T_0 为−2.0 ℃。隧道洞内气温为：

$$f(t) = -4.46 + 8.56\cos\left(\frac{2\pi}{31\ 536\ 000}t - \pi\right) \tag{5.73}$$

由上述的计算参数和边界条件，利用式(5.52)计算所得的隧道围岩温度计算值与张耀等[30]及风火山隧道围岩温度场监测数据的对比结果如图 5.3 所示。

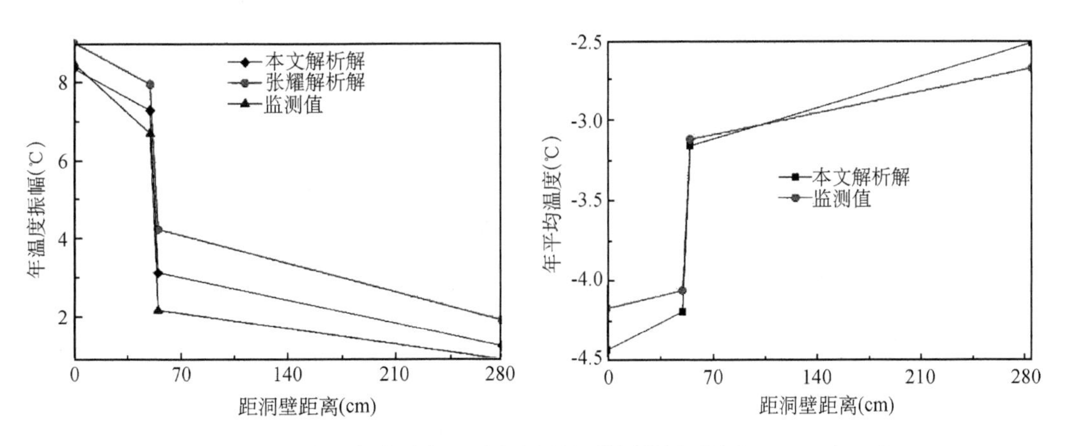

图 5.3 本文解析解与张耀理论解及现场监测数据对比(DK1159+046)

由图 5.3 可得：本文解析解处于张耀的解析解和现场监测值之间，与监测数据吻合得很好，对比结果表明，考虑衬砌和隔热层的隧道围岩温度场解析解满足工程精度要求。

由图 5.3 还可得:随着距洞壁距离的增加,隧道围岩的年温度振幅呈衰减趋势;隧道围岩的年平均温度呈增加趋势。在隔热层所在位置处,温度振幅急剧下降,温度振幅降幅达 4.5 ℃;而年平均温度则急剧升高,年平均温度升高 1 ℃,表明保温隔热层起到很好的保温隔热作用。

5.3.2 与 Takumi 解析解及监测值对比

日本学者开展了隧道洞内空气温度场解析解,以及隧道洞内空气温度监测的研究。为验证本文考虑衬砌和隔热层的洞内空气温度场解析解的准确性,将本文的解析解与 Takumi 等人[32]的解析解及监测数据进行对比验证。

以日本旧豊浜隧道为例,验证考虑衬砌和隔热层的隧道空气温度场解析解的准确性。旧豊浜隧道的计算内径为 4.8 m($r_0=4.8$ m),二次衬砌厚 0.7 m($r_1=5.5$ m),隔热层厚 0 m($r_2=5.5$ m),初衬厚 0 m($r_3=5.5$ m),围岩厚 4.5 m($r_4=10$ m)。各种材料的热物性参数如表 5.2 所示。空气的比热容 c_p 为 1 000 J/(kg · ℃)。

表 5.2 材料的热物性参数[32]

材料	导热系数(k) [W/(m · ℃)]	热扩散系数(α) (m^2/s)
钢筋混凝土	1.5	8.82×10^{-7}
岩体	1.4	7.00×10^{-7}

隧道洞内空气的对流换热系数 h 与洞内空气的风速 v 有关[32],可用下式计算:

$$h=6.2+4.2v \tag{5.74}$$

隧道洞内气体空气的风速 v 为 0.3 m/s,隧道围岩的原始温度 T_0 为 11.1 ℃,隧道洞口处的气温年温度振幅为 12.2 ℃,洞口处的气温年平均温度为 9.2 ℃。

由上述的计算参数和边界条件,计算所得的隧道空气温度场计算值与 Takumi (2008)及日本旧豊浜隧道空气温度监测数据的对比结果如图 5.4 所示。

由图 5.4 可得:考虑衬砌和隔热层的隧道洞内气体温度场解析解与 Takumi 的解析解及现场监测数据总体吻合得很好。在距离洞口 150 m 范围内,本文提出的解析解比 Takumi 的解析解更接近于洞内空气温度场监测值;随着距离增加,本文的解析解更接近监测数据。

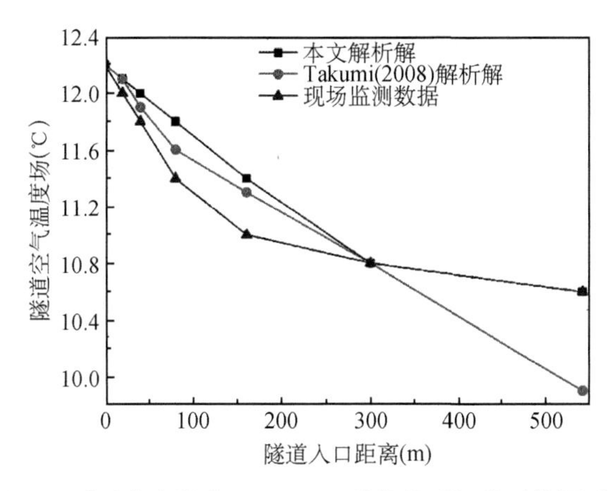

图 5.4 本文解析解与 Takumi 理论解及现场监测数据对比

5.4 隧道围岩地温场参数分析

隧道衬砌换热器的热交换管位于隧道初衬和复合式防水板之间，二衬内侧(靠近初衬侧)的温度决定热交换管的换热能力。利用隧道围岩温度场解析解式(5.52)参数分析洞口气温、隧道长度、埋深、洞内风速和隔热层厚度对二衬内侧温度的影响，从而为隧道衬砌换热器热交换管埋设位置的选取提供指导。

5.4.1 计算参数

计算模型的几何尺寸如下：隧道二衬内径为 5.7 m(r_1=5.7 m)，二衬厚 0.4 m(r_2=6.1 m)，初衬厚 0.1 m(r_3=6.2 m)，围岩厚 7.3 m(r_4=13.5 m)，隔热层位于二衬内侧，隔热层厚度根据计算工况而定。各种材料的热物性参数如表 5.3 所示。

表 5.3 材料的热物性参数

材料	导热系数 (k) [W/(m·℃)]	热扩散系数(α) (m^2/s)
聚氨酯泡沫	0.05	7.51×10^{-7}
钢筋混凝土	1.58	7.81×10^{-7}
岩体	2.00	5.71×10^{-6}

5.4.2 洞口气温对隧道围岩地温场的影响

洞口气温由大气年平均温度和年温度振幅决定，洞口气温对围岩地温的影响即为大气年平均温度和年温度振幅对围岩地温的影响。

计算条件为断面距离洞口 500 m,无保温隔热层,风速为 3 m/s。年平均温度为:3 ℃、5 ℃、7 ℃和 9 ℃。年温度振幅分别为:15 ℃、20 ℃、25 ℃和 30 ℃。年平均温度对二衬内侧温度影响的计算结果如图 5.5。年温度振幅对二衬内侧温度影响的计算结果如图 5.6。

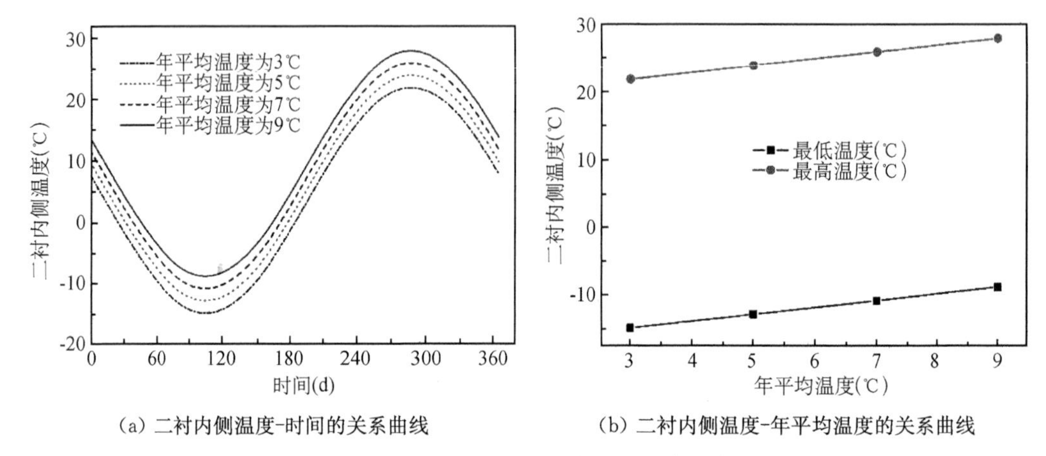

(a) 二衬内侧温度-时间的关系曲线　(b) 二衬内侧温度-年平均温度的关系曲线

图 5.5　二衬内侧温度随时间和年平均温度的变化曲线

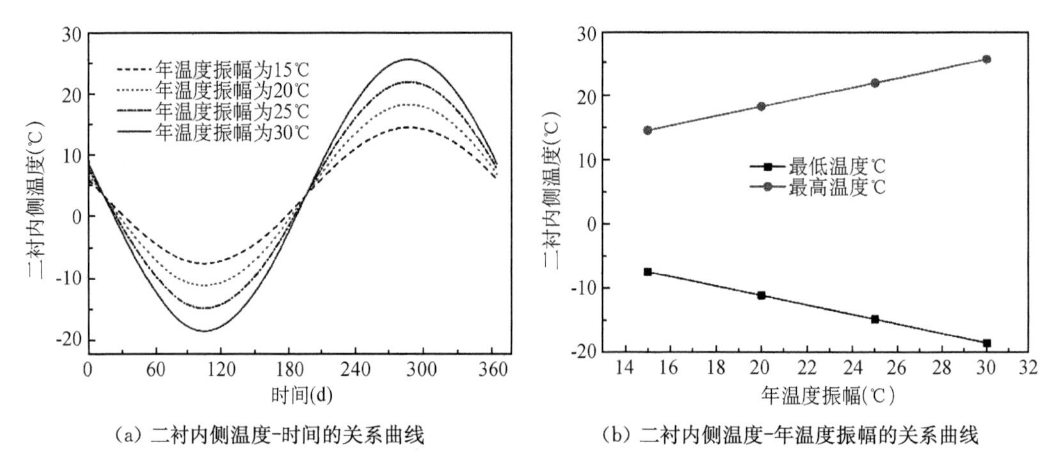

(a) 二衬内侧温度-时间的关系曲线　(b) 二衬内侧温度-年温度振幅的关系曲线

图 5.6　二衬内侧温度随时间和年温度振幅的变化曲线

由图 5.5(a)可得:隧道二衬内侧温度随时间呈三角正弦函数周期变化,二衬内侧温度随年平均温度的升高而呈整体同步提高,不产生温度响应延迟现象。

由图 5.5(b)可得:二衬内侧最低、最高温度随年平均温度的增加而呈线性增加的趋势,即洞口处的年平均气温越高,洞内围岩的地温则越高,越有利于地温能的利用。建议寒区隧道洞口选择在向阳位置。

由图 5.6(a)可得:隧道二衬内侧温度随时间呈三角正弦函数周期变化,二衬内侧温度的变化幅度随年温度振幅的增加而增大,年温度振幅越大,隧道二衬内侧温度变化幅度越大。

由图 5.6(b)可得:随着洞口大气年温度振幅的增加,二衬内侧最高温度呈线性增加的趋势;而二衬内侧最低温度则呈线性减小的趋势。即洞口大气温度的年温度振幅越大,二衬内侧温度的年温度振幅也随之增大。

5.4.3　隧道长度对隧道围岩地温场的影响

在距洞口不同距离处,洞内气体与隧道围岩之间发生的热交换量并不相同,导致距洞口不同距离处的隧道围岩地温场也不相同,有必要分析隧道长度对隧道围岩地温场的影响。

计算参数如下:隧道无保温隔热层,隧道洞口处大气的年平均温度为 5 ℃,年温度振幅为 25 ℃。隧道长度取值如下:洞口处、距离洞口 100 m、距离洞口 300 m、距离洞口 500 m、距离洞口 700 m、距离洞口 1 000 m 和距离洞口 1 500 m。计算结果如图 5.7。

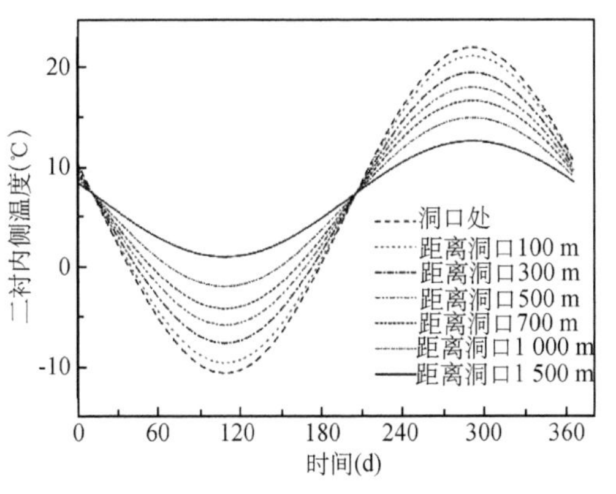

(a) 二衬内侧温度-时间的关系曲线

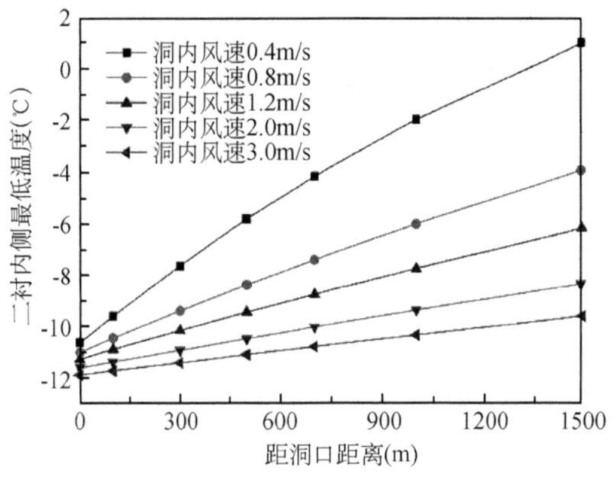

(b) 二衬内侧最低温度-距洞口距离的关系曲线

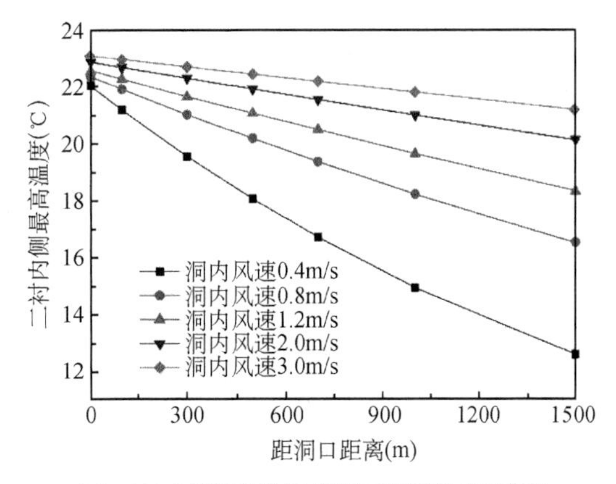

(c) 二衬内侧最高温度-距洞口距离的关系曲线

图 5.7　二衬内侧温度随时间和距洞口距离的变化曲线

由图 5.7(a)可得:隧道二衬内侧温度随时间呈三角正弦函数周期变化,随距洞口距离的增加,隧道二衬内侧温度变化幅度呈减小趋势,距离洞口越远,隧道二衬内侧温度变化幅度越小,越有利于隧道地温能的开发利用。

由图 5.7(b)和 5.7(c)可得:随着距洞口距离的增加,二衬内侧最低温度呈增加趋势;二衬内侧最高温度呈递减趋势。即距离洞口越远,二衬内侧最高和最低温度的温差就越小,二衬内侧的年平均温度越高,年温度振幅越小。

上述研究表明,隧道越长越有利于隧道地温能的利用。

5.4.4　隧道埋深对隧道围岩温度场的影响

隧道埋深越深,隧道围岩温度越高,所以不同的隧道埋深,隧道二衬内侧的温度也会不同,有必要研究隧道埋深对二衬内侧温度场的影响,以便合理选择热交换管的埋设位置。

计算参数如下:隧道无保温隔热层,隧道洞口处大气的年平均温度为 5 ℃,年温度振幅为 25 ℃,隧道长度为 1 000 m。隧道埋深取值如下:50 m、100 m、150 m、200 m、250 m 和 300 m。计算结果如图 5.8。

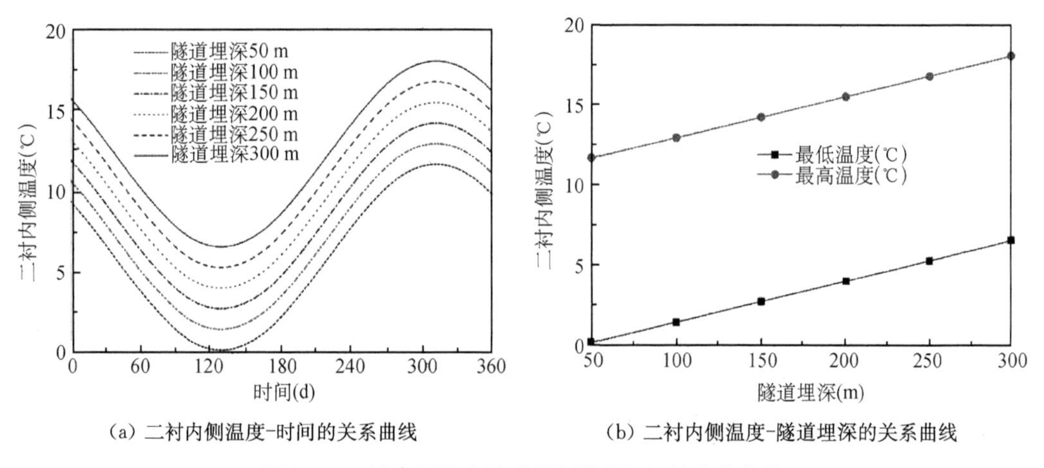

(a) 二衬内侧温度-时间的关系曲线

(b) 二衬内侧温度-隧道埋深的关系曲线

图 5.8　二衬内侧温度随时间和隧道埋深的变化曲线

由图 5.8(a)可得:隧道二衬内侧温度随时间呈三角正弦函数周期变化,二衬内侧温度随隧道埋深的增加而整体同步提高,不产生温度响应延迟现象。

由图 5.8(b)可得:随着隧道埋深的增加,隧道二衬内侧最低及最高温度均呈增加趋势;并且隧道二衬内侧最低、最高温度增长梯度相同,隧道埋深越深,隧道二衬内侧的温度则越高。

上述研究表明,隧道埋深对隧道围岩地温能的利用有显著影响,隧道埋深越深,可供隧道衬砌换热器利用的地温能越多。所以,隧道衬砌换热器应选择在隧道埋深深的位置。

5.4.5 洞内风速对隧道围岩地温场的影响

洞内空气与隧道二衬发生对流换热，对流换热系数由洞内空气的风速确定，洞内风速不同，隧道二衬内侧温度则会不同。开展洞内风速对隧道围岩地温场的影响研究，以便合理选择隧道洞口位置，最大限度地开发利用隧道围岩地温能。

计算参数如下：隧道无保温隔热层，隧道洞口处大气的年平均温度为 5 ℃，年温度振幅为 25 ℃，隧道长度为 1 000 m。隧道洞内风速的取值如下：0.6 m/s、1.0 m/s、1.4 m/s、1.8 m/s、2.2 m/s、2.6 m/s 和 3.0 m/s。计算结果如图 5.9。

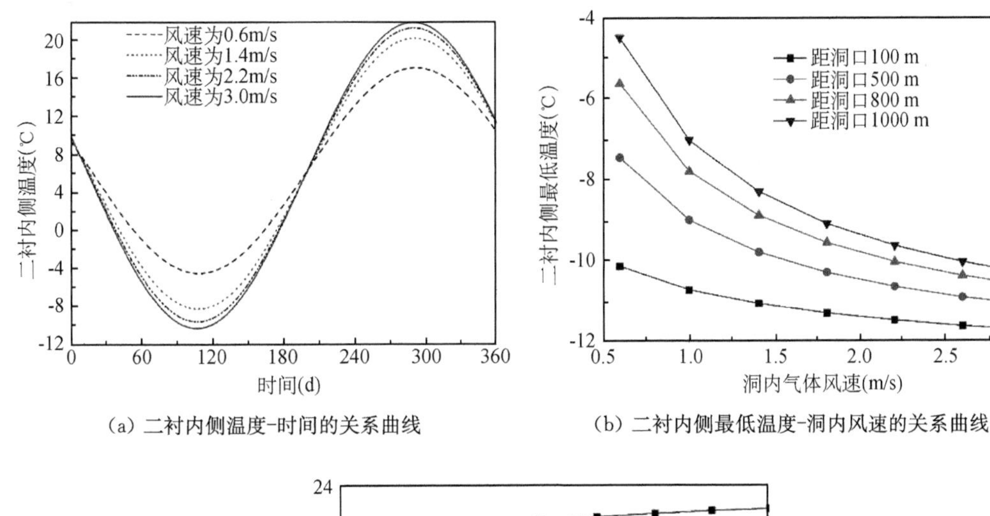

(a) 二衬内侧温度-时间的关系曲线

(b) 二衬内侧最低温度-洞内风速的关系曲线

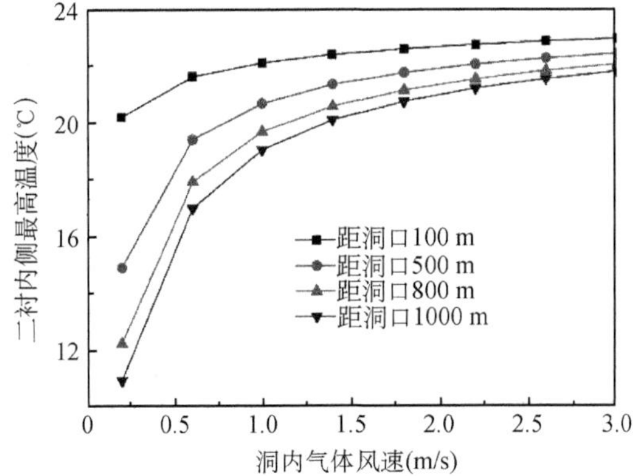

(c) 二衬内侧最高温度-洞内风速的关系曲线

图 5.9 二衬内侧温度随时间和洞内风速的变化曲线

由图 5.9(a)可得：隧道二衬内侧温度随时间呈三角正弦函数周期变化，随洞内风速的增加，隧道二衬内侧温度变化幅度呈增加趋势，隧道洞内风速越小，隧道二衬内侧温度变化幅度越小，越有利于隧道地温能的开发利用。

由图 5.9(b)和 5.9(c)可得：洞内风速对二衬内侧温度有显著影响。整体趋势为：随着洞内风速的增加，二衬内侧最低温度呈递减的趋势；二衬内侧最高温度呈增加的趋势。当风速小于 1.4 m/s 时，随着风速的增加，二衬内侧最低温度急剧下降，二衬内侧最高温度则急剧增加；当风速大于 1.4 m/s 时，随着风速的增加，二衬内侧最低温度则缓慢减小，二衬内侧最高温度缓慢增加。

上述研究表明：洞内气体的风速越小，越有利于隧道地温能的开发利用。寒区隧道的洞口选择在避风口处，对隧道防寒和地温能的利用是有利的。

5.4.6 隔热层厚度对隧道围岩地温场的影响

在寒冷地区，通过在二衬内侧铺设一定厚度的保温隔热材料来抑制围岩与洞内低温空气进行对流换热。保温隔热层厚度的选择对隧道衬砌和围岩的温度场有显著影响，计算分析隔热层厚度对隧道围岩温度的影响。

计算参数如下：隧道洞口处大气的年平均温度为 5 ℃，年温度振幅为 25 ℃，隧道长度为 1 000 m。隔热层厚度取值如下：无隔热层 0 cm、2 cm、4 cm、6 cm、8 cm 和 10 cm。计算结果如图 5.10。

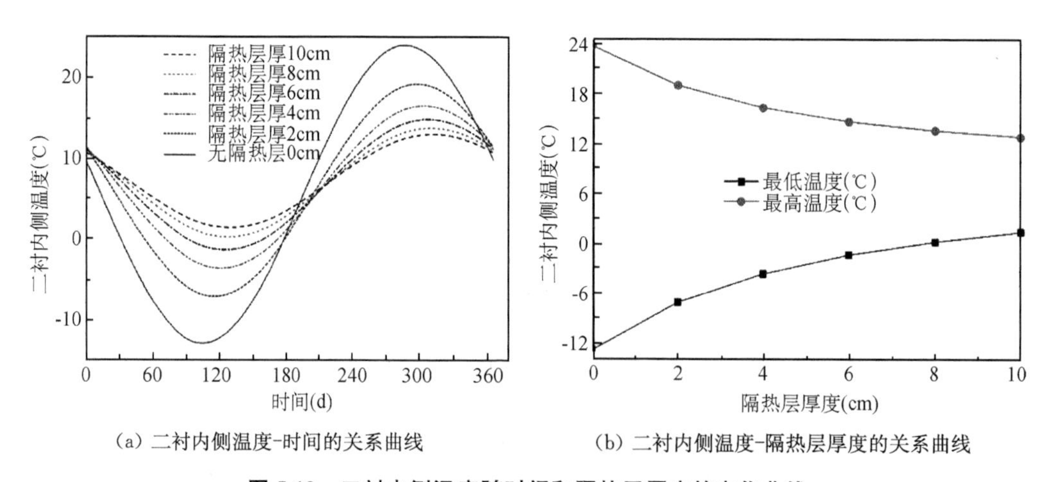

(a) 二衬内侧温度-时间的关系曲线　　(b) 二衬内侧温度-隔热层厚度的关系曲线

图 5.10　二衬内侧温度随时间和隔热层厚度的变化曲线

由图 5.10(a)可得：隧道二衬内侧温度随时间呈三角正弦函数周期变化，随隔热层厚度的增加，隧道二衬内侧温度变化幅度呈减小趋势，隔热层越厚，隧道二衬内侧温度变化幅度越小。由图 5.10(a)还可得：随着隔热层厚度的增加，隧道二衬内侧温度发生了不同程度的温度响应延迟，隔热层越厚，温度影响延迟越明显。温度响应延迟的具体数值见表 5.4。

由图 5.10(b)可得：随着隔热层厚度的增加，二衬内侧最低温度呈增加的趋势；二衬内侧最高温度则呈减小的趋势。当隔热层厚度小于 4 cm 时，随着隔热层厚度的增加，二衬内侧最低温度急剧升高，二衬内侧最高温度则急剧降低；当隔热层厚度大于 4 cm 时，随着隔热层厚度的增加，二衬内侧最低温度缓慢升高，二衬内侧最高温度则缓慢降低。

由表5.4可得：随着隔热层厚度的增加，年温度振幅在呈减小趋势，而年平均温度呈增加的趋势；温度响应延迟也呈增加的趋势，当隔热层厚度为10 cm时，二衬内侧温度与洞内气温的温度响应延迟为25 d，即当洞内气温出现最高温度时，在25 d后，二衬内侧温度才呈现最高温度。

表5.4 不同隔热层厚度对二衬内侧温度场的影响

隔热层厚度(cm)	年温度振幅(℃)	振幅衰减量(%)	年平均温度(℃)	温度增加量(%)	温度响应延迟(d)
0	18.34	0	5.51	0	0
2	13.07	28.74	6.03	9.44	11
4	9.99	45.53	6.42	16.52	17
6	8.04	56.16	6.72	21.96	20
8	6.71	63.41	6.97	26.50	23
10	5.75	68.65	7.17	30.13	25

上述研究表明，隔热层越厚，对隧道围岩地温的开发利用则越有利。

5.5　小结

1. 获得用于计算考虑衬砌和隔热层的隧道围岩和洞内空气温度场的解析解，该解析解可计算距离洞口任意距离 z 处、距洞壁任意深度 r 处和任意时刻 t 的围岩地温场。

本文解析解可在隧道开挖之前，根据洞口大气温度，计算任何位置和任何时间的隧道温度场。克服了Takumi的洞内空气温度场解析解只能用于计算双层复合介质的局限性，可用于计算考虑隧道隔热层、二衬、初衬和围岩等多层复合介质隧道空气温度场的计算。

2. 本文解析解分别与张耀解析解和Takumi解析解，以及隧道温度场监测数据进行对比验证，对比结果表明，本文解析解与监测数据吻合得更好，能满足工程精度要求。

3. 利用考虑隧道衬砌和隔热层的隧道围岩和洞内空气温度场解析解，对隧道围岩地温场的影响因素进行参数分析，所得结论如下：

(1) 二衬内侧最低、最高温度随年平均温度的增加而呈线性增加的趋势，即洞口处的年平均气温越高，洞内围岩的地温则越高，越有利于地温能的利用。建议寒区隧道洞口选择在向阳位置。

（2）随距洞口距离的增加，隧道二衬内侧温度变化幅度呈减小趋势，距离洞口越远，隧道二衬内侧温度变化幅度越小，越有利于隧道地温能的开发利用。

（3）隧道埋深对隧道围岩地温能的利用有显著影响，隧道埋深越深，可供隧道衬砌换热器利用的地温能越多。所以，隧道衬砌换热器的热交换管应选择在隧道埋深深的位置。

（4）洞内气体的风速越小，越有利于隧道地温能的开发利用。寒区隧道的洞口选择在避风口处，对隧道防寒和地温能的利用是有利的。

（5）随着隔热层厚度的增加，年温度振幅呈减小趋势，而年平均温度呈增加的趋势；温度响应延迟也呈增加的趋势。隔热层越厚，对隧道围岩地温的开发利用则越有利。

6　隧道衬砌换热器传热数值计算模型及性能分析

6.1　传热耦合模型

热交换管与隧道围岩之间的传热非常复杂，受围岩热物性、地温、地下水渗流、隧道通风和洞内气温等诸多因素影响，为了便于分析计算，将隧道衬砌、围岩视为均匀介质，且热物性不随温度变化；热交换管壁为准稳态传热，且同一横断面内管壁温度相同。

隧道衬砌换热器传热模型由两部分组成，即管外隧道围岩固体传热和管内流体传热，传热模型如图 6.1 所示。

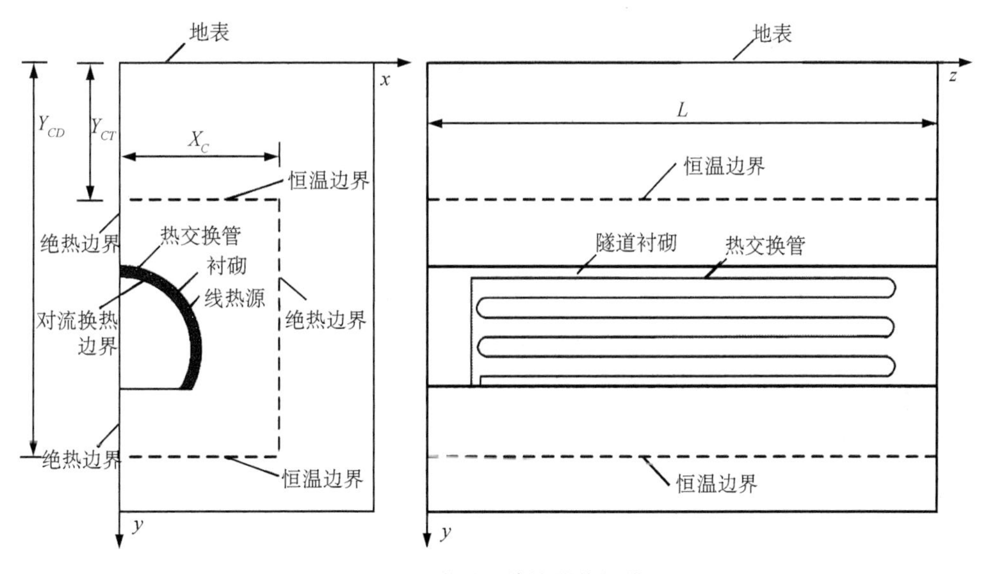

图 6.1　隧道衬砌换热器传热模型

在进行管外隧道围岩固体传热分析时，将热交换管视为线热源，隧道渗流-传热耦合方程如下：

$$\rho_i c_{p,i} \frac{\partial T_i}{\partial t} + \rho_w c_{p,w} u_w \nabla T_w = \nabla \cdot k_i \nabla T_i + Q_{wall} (i = 1, 2, 3),$$
$$0 \leqslant x \leqslant X_C, Y_{CT} \leqslant y \leqslant Y_{CD}, 0 \leqslant z \leqslant L \tag{6.1}$$

式中：T_i 为温度(℃)；k_i 为导热系数(W/m・℃)；$c_{p,i}$ 为比热容 J(kg・℃)；ρ_i 为密度(kg/m^3)；u_w 代表渗流速度(m/s)；w 代表地下水；1 代表二衬；2 代表初衬；3 代表围岩；Q_{wall} 为热交换管所在位置处的线热源(W/m^3)，与热交换管的坐标和热交换量有关，计算公式如下：

$$Q_{wall} = q(t) \sum_{j=1}^{n} \delta(x - x_j) \delta(y - y_j) \tag{6.2}$$

$$q(t) = \begin{cases} q_d(t) & 0 < t \leqslant t_0 \\ 0 & t_0 < t \leqslant 24 \end{cases} \tag{6.3}$$

对方程(6.3)进行傅里叶级数的三角函数展开可得：

$$q(t) = q_d(t) \left[\frac{t_0}{24} + \frac{1}{\pi} \sum_{n=1}^{\infty} \frac{1}{n} \left[\sin\left(\frac{n\pi t_0}{12}\right) \cos(2n\pi t) + \left(1 - \cos\left(\frac{n\pi t_0}{12}\right)\right) \sin(2n\pi t) \right] \right] \tag{6.4}$$

式中：x_j 和 y_j 为第 j 根热交换管的坐标；t_0 为热交换管每天的运行时间；$q_d(t)$ 为热交换管从围岩中提取的热量。

管内流体的连续性方程、运动方程和能量方程如下：

$$\nabla \cdot (\rho_L \boldsymbol{u}) = 0 \tag{6.5}$$

$$\nabla p + \frac{f_D \rho_L}{2d_h} \boldsymbol{u} |\boldsymbol{u}| = 0 \tag{6.6}$$

$$\rho_L A c_{p,L} u \cdot \nabla T_L = \nabla \cdot A k_L \nabla T_L + q_d \tag{6.7}$$

式中：$\boldsymbol{u}$ 是管内液体流速；A 为热交换管横截面积；ρ_L 为流体的密度；p 为压力；f_D 为达西摩擦系数；d_h 为热交换管的水力直径；k_L 为流体的导热系数；$c_{p,L}$ 为流体的比热容；T_L 为管内流体的温度。

$$q_d = h_C (T_{wall} - T_L) \tag{6.8}$$

$$T_{wall} = T_1(x_j, y_j, z, t) \tag{6.9}$$

$$h_C = \frac{2\pi}{\dfrac{1}{d_{p,in} h_{int}} + \dfrac{1}{k_p} \ln\left(\dfrac{d_{p,out}}{d_{p,in}}\right)} \tag{6.10}$$

式中：$d_{p,in}$ 为热交换管内径(m)；$d_{p,out}$ 为热交换管外径(m)；k_p 为热交换管的导热系数 W/(m·℃)；h_{int} 为对流换热系数(W/m²·℃)，与热交换管内流体的热物性和努塞尔数(Nu)有关，计算公式如下：

$$h_{int} = Nu \frac{k_L}{d_h} \tag{6.11}$$

初始条件：

$$T_i(x, y, z, t)|_{t=0} = T_0(y, t)|_{t=0} \tag{6.12}$$

初始地温 $T_0(y, t)$ 由下式计算：

$$T_0(y, t) = T_G(y) + T_{soil}(y, t) \tag{6.13}$$

地温增量 $T_G(y)$ 由下式计算：

$$T_G(y) = [y - d_T]K \tag{6.14}$$

d_T 为大气温度影响深度，约为地下 15～20 m。$T_{soil}(y, t)$ 可由下式计算：

$$T_{soil}(y, t) = T_{M,soil} + T_{A,soil}\, e^{-y\sqrt{\frac{\omega}{2\alpha_{soil}}}} \cos\left(\omega t - y\sqrt{\frac{\omega}{2\alpha_{soil}}}\right) \tag{6.15}$$

边界条件：

对流换热边界：

$$k_1 \nabla T_1 = h[T_1 - T_{at}] \tag{6.16}$$

空气温度 T_{air} 呈三角函数周期变化，表达式如下：

$$T_{air} = T_{M,at} + T_{A,at}\cos(\omega t + \varphi) \tag{6.17}$$

式中：T_{at} 为洞内汽温平均值(℃)；$T_{m,at}$ 为洞内气温波动幅值(℃)；$T_{A,at}$ 为洞内气温波动幅值(℃)。

利用热壁函数法计算隧道衬砌表面的对流换热系数，计算公式如下：

$$h = \frac{\rho_{at} c_{p,at} C_\mu^{1/4} k^{1/2}}{T^+} \tag{6.18}$$

式中：ρ_{at} 为洞内空气密度(kg/m³)；$c_{p,at}$ 为洞内空气比热容(J/kg·℃)；C_μ 为 k-ε 湍流模型常数；T^+ 为无量纲温度。

涡流动能系数 K 可以通过 k-ε 涡流模型获得，为了简化计算，国内外学者利用 CFD 模拟预测强迫对流换热系数与风速的数学表达式，具体计算公式如下：

$$h = AU_{loc}^{B} + C \tag{6.19}$$

根据对流换热传热方程,对流换热系数的计算公式如下:

$$h = Q_C/(T_{at} - T_{sls}) \tag{6.20}$$

对流换热系数可以通过现场监测数据获得,具体包括气温、洞壁温度和洞壁-空气之间的对流换热量,利用公式(6.20)即可计算对流换热系数。通过风速监测值和公式(6.20)计算所得对流换热值,即可计算公式(6.19)中的常系数 A, B 和 C。

连续边界条件:

$$T_3(x, y, z, t)\big|_{y=Y_{CT}} = T_0(Y_{CT}, t) \tag{6.21}$$

$$T_3(x, y, z, t)\big|_{y=Y_{CD}} = T_0(Y_{CD}, t) \tag{6.22}$$

绝热边界:

$$\left.\frac{\partial T_3(x, y, z, t)}{\partial x}\right|_{x=0} = 0 \tag{6.23}$$

$$\left.\frac{\partial T_3(x, y, z, t)}{\partial x}\right|_{x=X_C} = 0 \tag{6.24}$$

$$\left.\frac{\partial T_3(x, y, z, t)}{\partial z}\right|_{z=0} = 0 \tag{6.25}$$

$$\left.\frac{\partial T_3(x, y, z, t)}{\partial z}\right|_{z=L} = 0 \tag{6.26}$$

6.2 模型求解及验证

为了计算分析衬砌热交换器的传热性能,借助有限元数值计算软件(COMSOL Multiphysics),采用固体传热和非等温管流模块,建立上述隧道衬砌热交换器传热模型的三维数值计算模型,如图 6.2 所示。热交换管内径 0.023 m,壁厚 0.0045 m;热交换管内流体为水,流速为 0.6 m/s。

为了验证传热数值计算模型的可靠性,将数值计算结果与隧道衬砌热响应试验现场监测数据进行对比验证,计算参数如表 6.1 所示,对比结果如图 6.3 和图 6.4 所示。

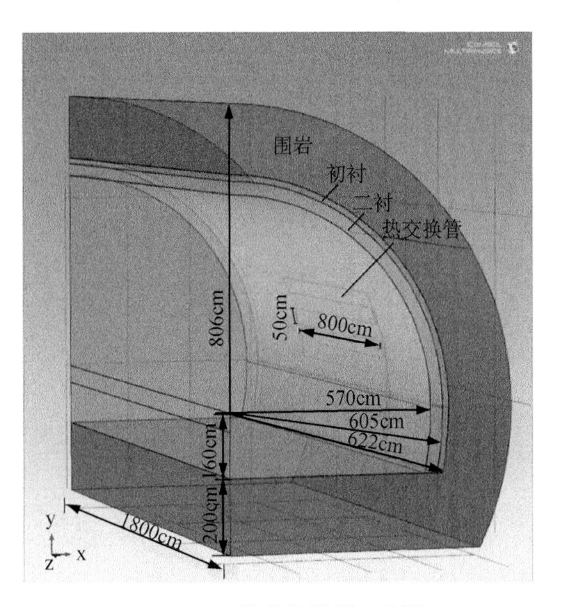

图 6.2　三维数值模型示意图

表 6.1　材料热物性参数

材料	导热系数[W/(m・℃)]	密度(kg/m³)	比热容[J/(kg・℃)]
流体	0.56	1 000	4 200
热交换管	0.32	/	/
混凝土衬砌	1.85	2 400	970
围岩	3.22	2 530	1 670

由图 6.3 和 6.4 可得:隧道衬砌热交换器三维数值计算模型的数值计算结果与实测值吻合非常好。本文所建立的传热模型即可用于隧道衬砌热交换器设计,也可结合隧道衬砌热交换器岩土热响应试验结果反演围岩的热物性参数。

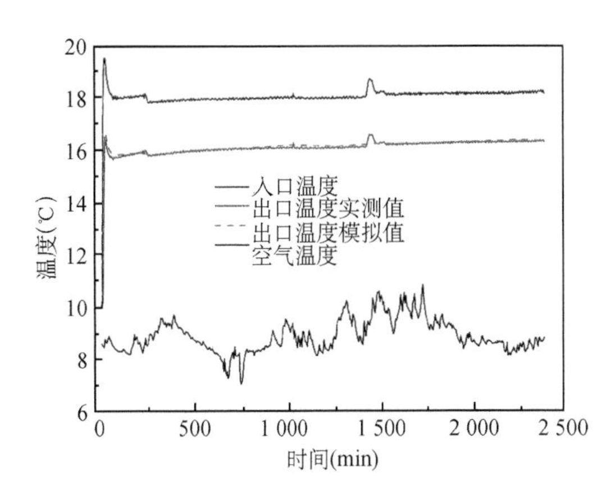

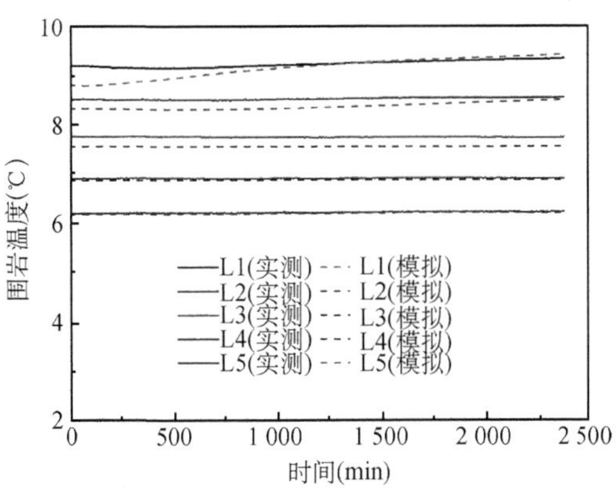

图 6.3　无通风条件下数值解与实测值对比

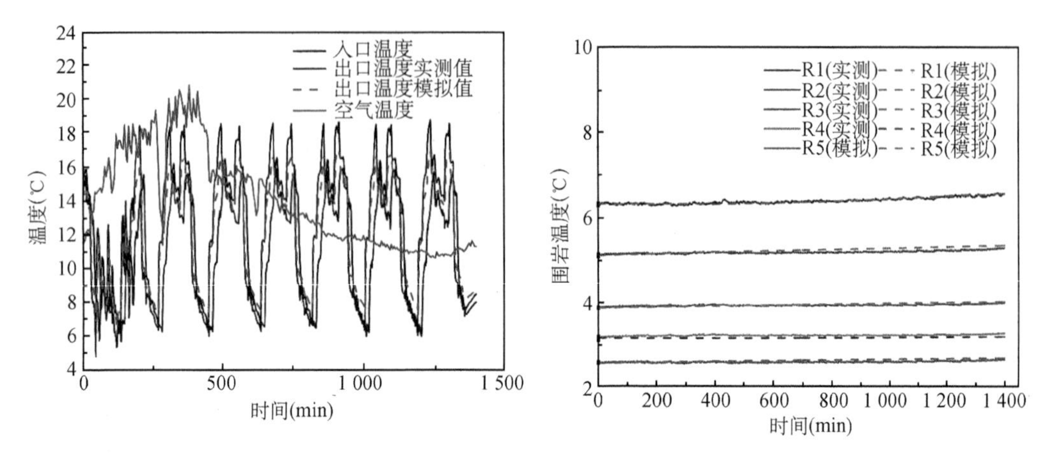

图 6.4 通风条件下数值解与实测值对比

6.3 对流换热对隧道衬砌热工性能的影响

热交换管的换热率可按式(6.27)计算：

$$Q=\rho v c_p(T_{out}-T_{in}) \tag{6.27}$$

式中：Q 为热交换管的换热率，W；v 为管内液体流量，m^3/s；T_{out} 为出水温度，℃；T_{in} 为进水温度，℃；ρ 为水的密度，kg/m^3；c_p 为水的比热，J/(kg·℃)。每米的热交换率 q，定义为：

$$q=Q/H \tag{6.28}$$

式中：q 为每米换热率，W/m；H 为吸收管长度，m。

根据林场隧道风速监测资料，最大风速为 5.42 m/s，因此风速选取 0 m/s、0.5 m/s、1 m/s、1.5 m/s、2 m/s、3 m/s、4 m/s、5 m/s 和 6 m/s，分析了对流换热对换热器换热率的影响，对流换热系数由经验公式[42]确定：

$$h=6.2+4.2v \tag{6.29}$$

由式(6.29)可知，对流换热系数分别为 6.2 W/m^2、8.3 W/m^2、10.4 W/m^2、12.5 W/m^2、14.6 W/m^2、18.8 W/m^2、23.0 W/m^2、27.2 W/m^2 和 31.4 W/m^2。

为了分析对流换热对长期热性能的影响，设置运行时间为 90 d，空气温度和地温分别为 10 ℃，传热介质的进口温度分别为 15 ℃、20 ℃和 25 ℃，流速为 0.6 m/s，围岩厚度为 15 m。

从图 6.5 到图 6.7 可以看出，随着运行时间的增加，热交换管的每延米换热量呈指数下降趋势。当运行时间小于 10 天时，换热量随运行时间的增加而显著降低。当运行时间大于 10 天时，每延米换热量随运行时间的增加而缓慢下降。也可以看出，对流换热系数越大，每延米换热量越大。每延米换热量与对流换热系数的关系曲线如图 6.8 到图6.10 所示。结果表明，当运行时间大于 2d 时，随着对流换热系数的增大，每延米换热量呈指数上升，隧道内气流与围岩间的对流换热有利于热交换管的换热。然而，当运行时间小于 1 天时，每延米换热量不随对流换热系数的变化而变化，通风对热交换管每延米换热量的影响存在滞后性。

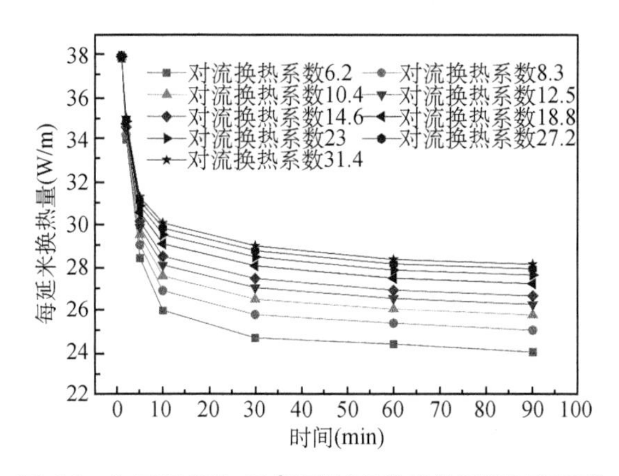

图 6.5　入口温度为 25 ℃时每延米换热量随时间变化

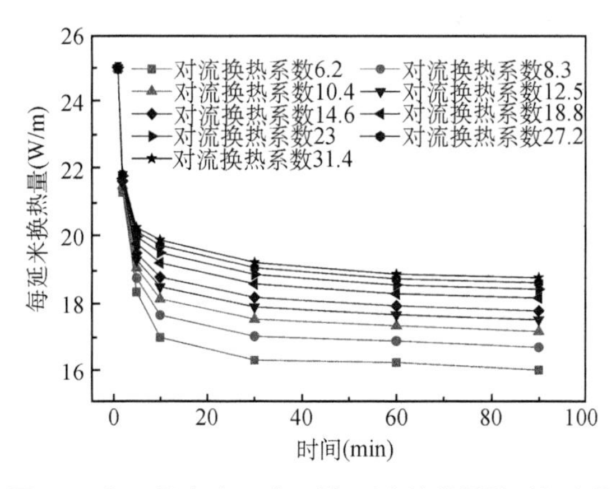

图 6.6　入口温度为 20 ℃时每延米换热量随时间变化

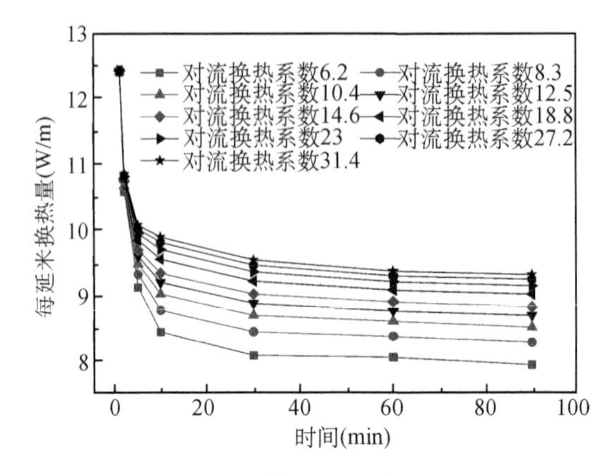

图 6.7　入口温度为 15 ℃时每延米换热量随时间变化

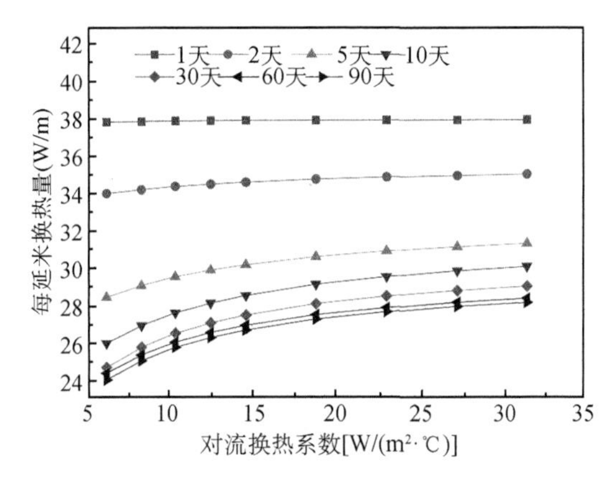

图 6.8　入口温度为 25 ℃时每延米换热量随对流换热系数变化

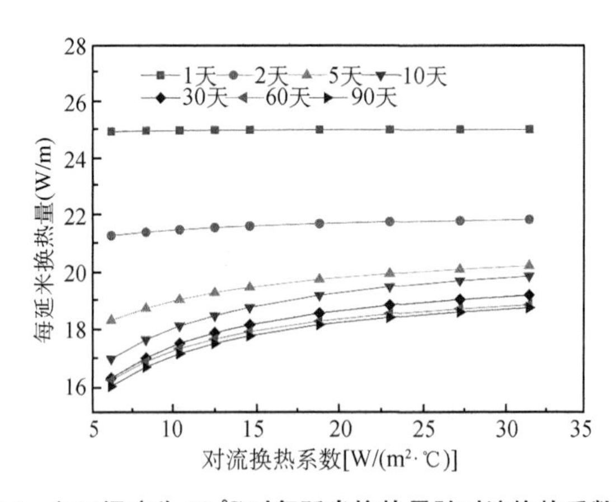

图 6.9　入口温度为 20 ℃时每延米换热量随对流换热系数变化

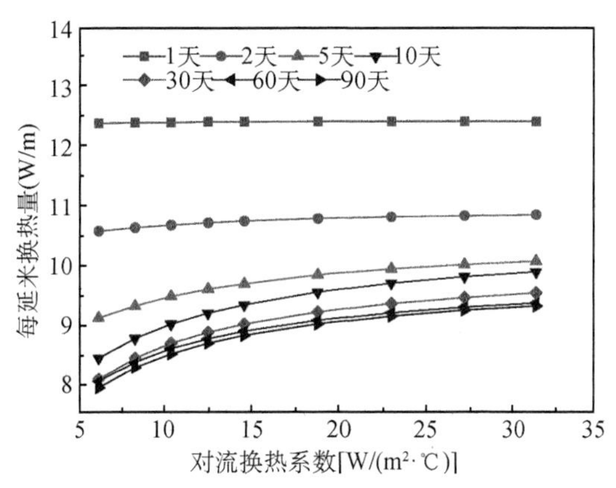

图 6.10 入口温度为 15 ℃时每延米换热量随对流换热系数变化

图 6.11 描述了传热介质的入口温度与初始地温的温差对每延米换热量的影响规律。每延米换热量随温差的增大呈线性变化，温差越大，每延米换热量越大。当对流换热系数为14.6 W/(m^2 · ℃)时，平均每增加 1 ℃温差，运行 5 天、10 天、30 天、60 天和 90 天的每延米换热量分别增加 2.05 W/m、1.92 W/m、1.85 W/m、1.81 W/m、1.79 W/m。

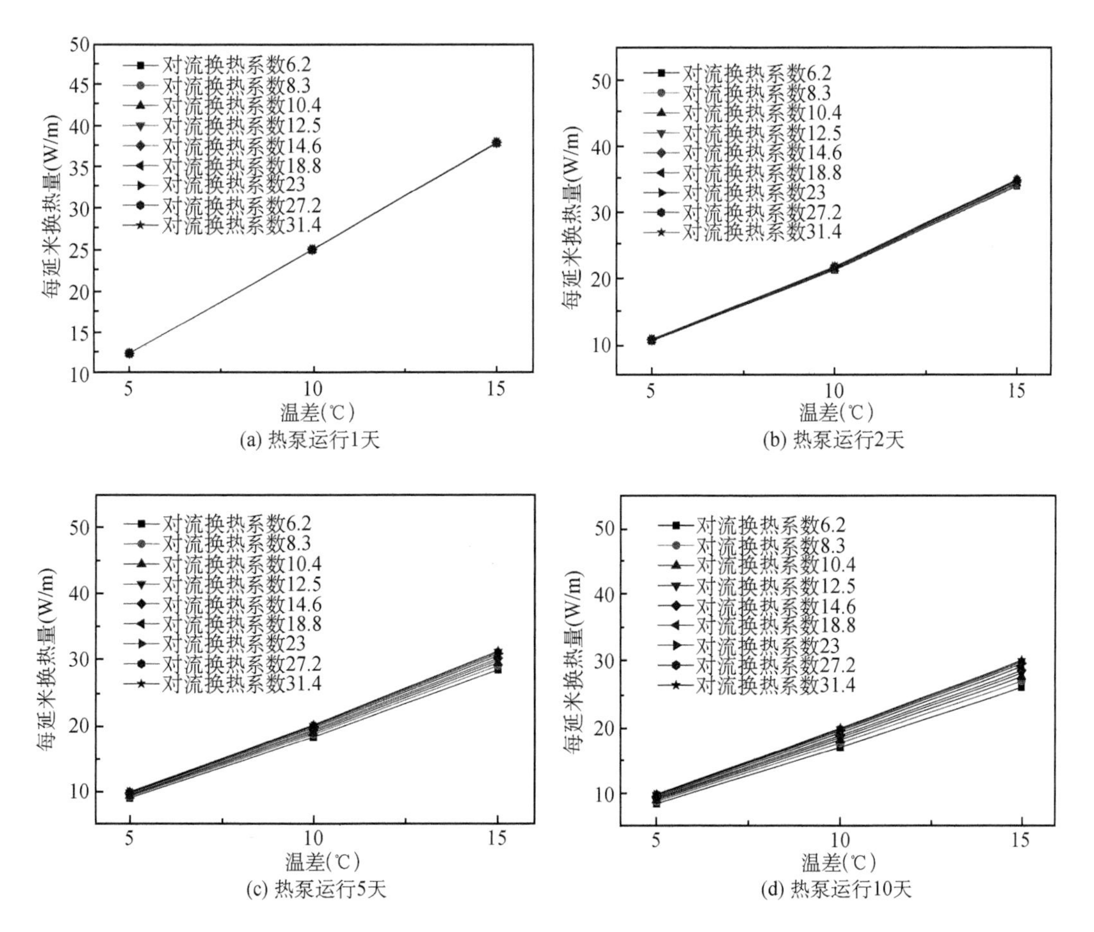

(a) 热泵运行1天 (b) 热泵运行2天

(c) 热泵运行5天 (d) 热泵运行10天

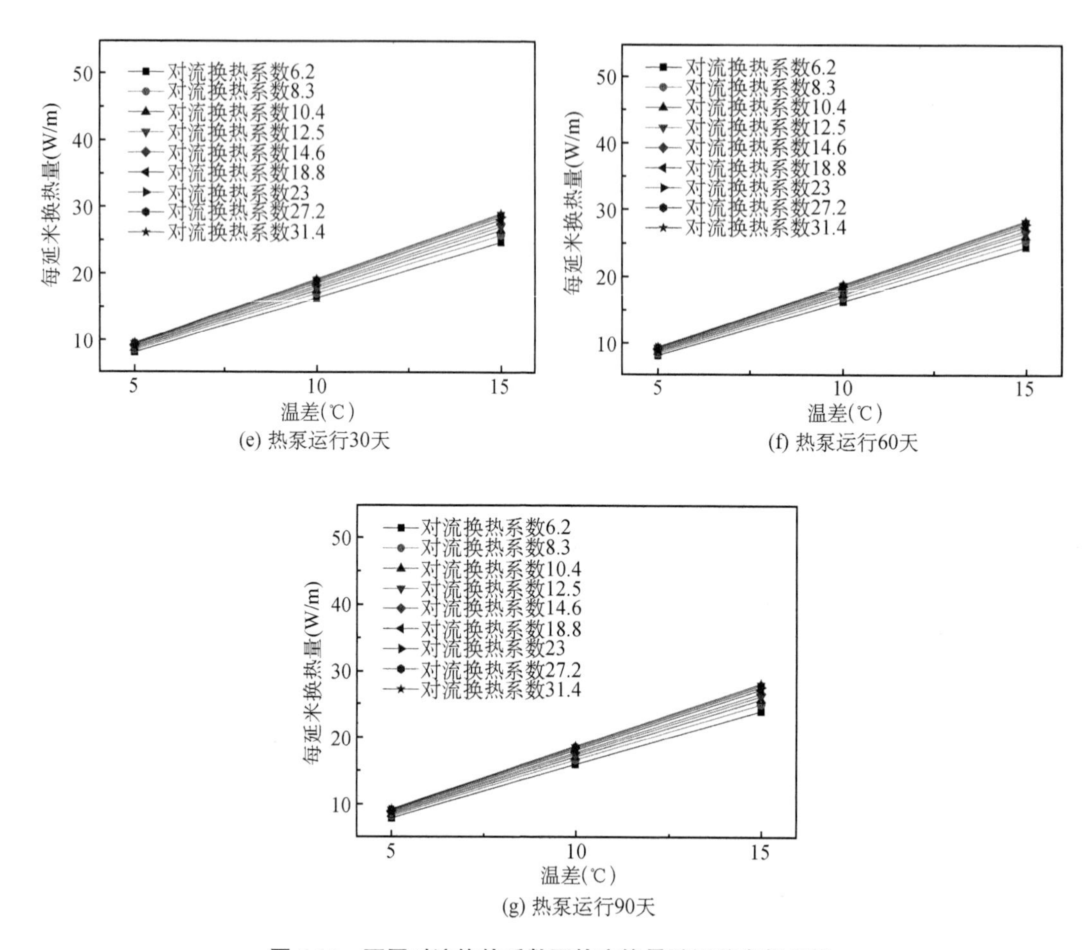

(e) 热泵运行30天

(f) 热泵运行60天

(g) 热泵运行90天

图 6.11　不同对流换热系数下热交换量随温差变化规律

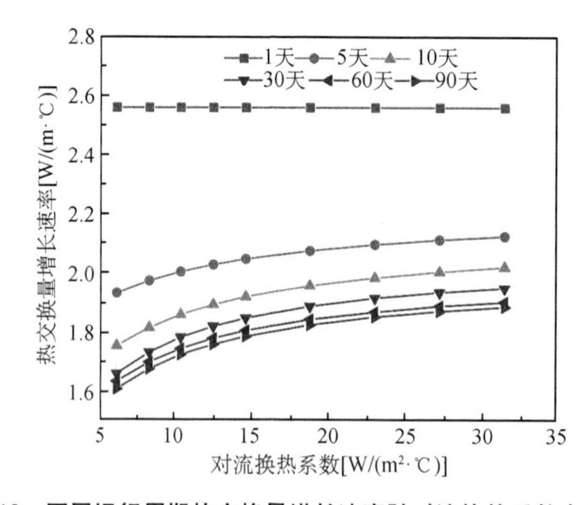

图 6.12　不同运行周期热交换量增长速率随对流换热系数变化规律

图 6.12 为对流换热系数与每延米换热量增长梯度的关系曲线。结果表明，随着对流换热系数的增大，每延米换热量的增长梯度呈指数级上升。在运行 1 d 时，增长速率为 2.55 W/(m・℃)，不受对流换热的影响。从图 6.13 可以看出，随着运行时间的增加，热交换管的每延米换热量呈指数下降趋势。

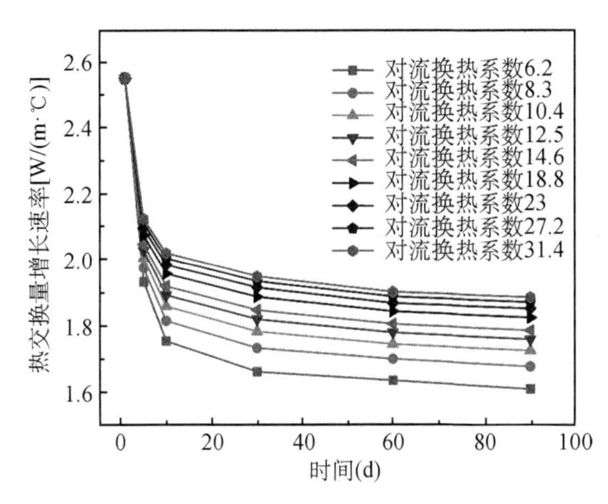

图 6.13 不同对流换热系数热交换量增长速度随时间变化规律

6.4 地下水渗流速度对热交换器长期热交换效果的影响

空气环境温度随时间呈周期波动变化，导致建筑加热或制冷负荷也会随时间呈现周期变化，而非恒定值，可以利用周期函数表征不同时刻所需的热负荷，具体经验公式如下：

$$Q_1 = \frac{3}{4}Q_0 \sin\left(\frac{2\pi}{\tau_0}\tau\right) + \frac{1}{4}Q_0 \left|\sin\left(\frac{2\pi}{\tau_0}\tau\right)\right| \tag{6.30}$$

$$Q_2 = \frac{1}{2}Q_0 \sin\left(\frac{2\pi}{\tau_0}\tau\right) + \frac{1}{2}Q_0 \left|\sin\left(\frac{2\pi}{\tau_0}\tau\right)\right| \tag{6.31}$$

式中，τ_0 是一整年的时间，取 365 d，Q_0 是一年之中单位长度换热器换热量的最高幅度值。

选择典型气候区南京作为研究对象，建立能表征南京气候特征的热负荷随时间变化的周期函数。根据统计显示，南京地区夏季的热负荷一般比冬季热负荷要高，是属于部分补偿的一类，线热源的热负荷函数应该采用公式(6.30)，Q_0 取为 20 W/m。因此，南京气候特征衬砌换热器的热负荷函数如下：

$$Q=\frac{3}{4}\times 20\sin(0.0172\tau)+\frac{1}{4}\times 20\left|\sin(0.0172\tau)\right| \tag{6.32}$$

式中，τ 为一年中的任意时间点，将该函数在 COMSOL Multiphysics 中进行全域的定义，在“简析”模块输入该函数。

当建筑所需的冷负荷和热负荷不平衡时，有可能会引起隧道围岩内产生热堆积现象，会导致衬砌换热器的长期换热性能下降。隧道围岩中会出现地下水，而地下水流动会有助于隧道地温场恢复，有助于隧道换热器维持长期换热性能。

不同的渗流速度 0.1 m/d、0.5 m/d、1 m/d、5 m/d 和 10 m/d 下的隧道衬砌换热器温度场如图 6.14 所示。

由图 6.14 可得，地下水渗流的速度的大小对隧道衬砌换热器有着十分显著的影响，对隧道围岩温度场分布起着关键性的作用。当 $v=0.1$ m/d 时，热交换管周围的热量堆积十分明显。随着地下水渗流速度增大，热量堆积的也就越少，地下水渗流速度越大，对隧道衬砌换热器取热则越有利。

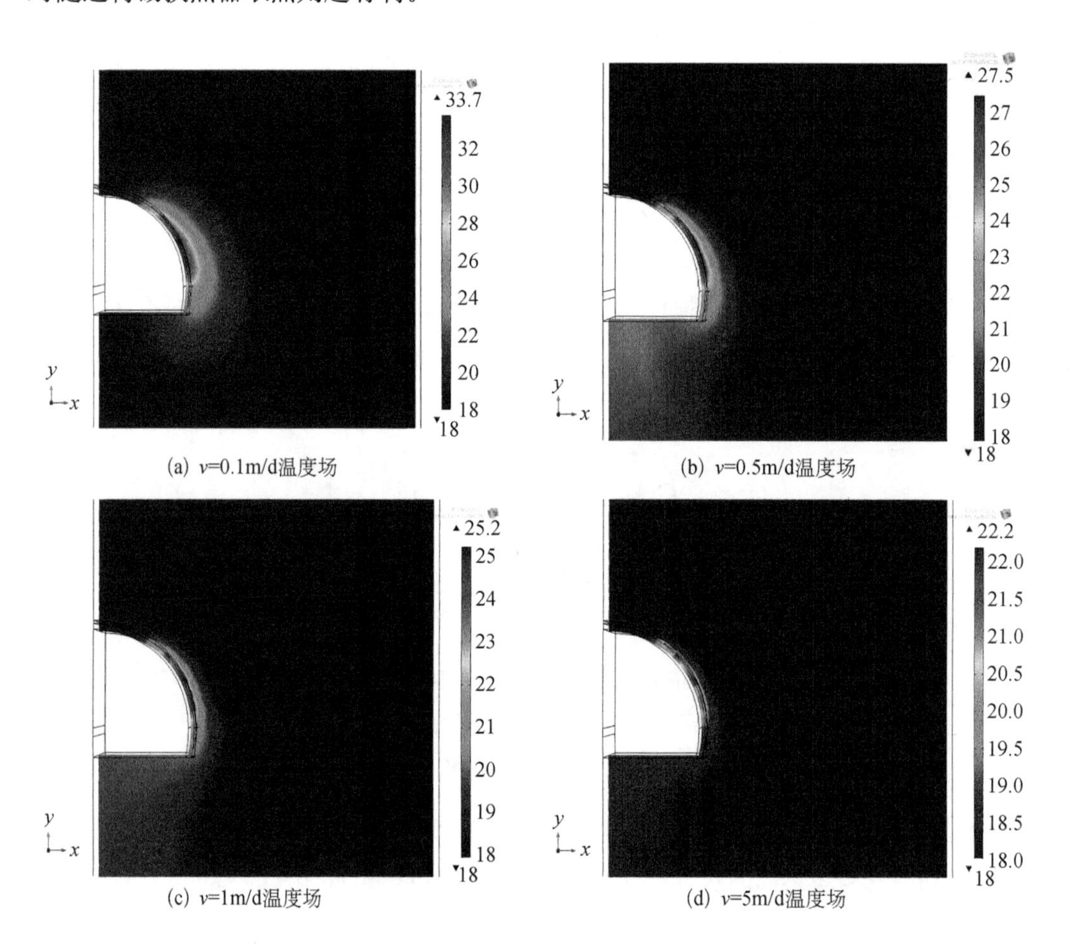

(a) v=0.1m/d温度场　(b) v=0.5m/d温度场

(c) v=1m/d温度场　(d) v=5m/d温度场

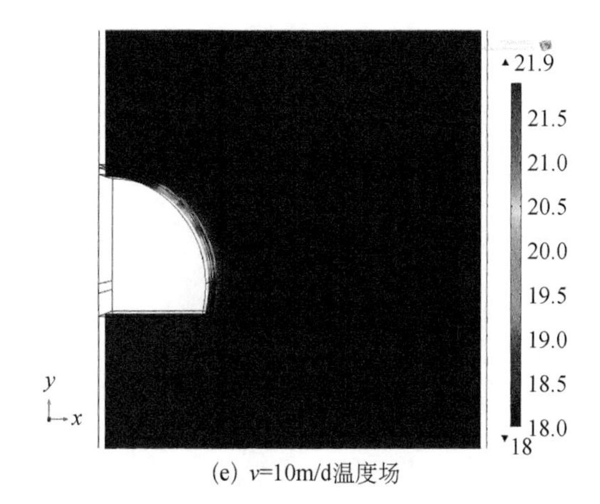

(e) v=10m/d温度场

图 6.14　不同渗流速度下的隧道衬砌换热器温度场

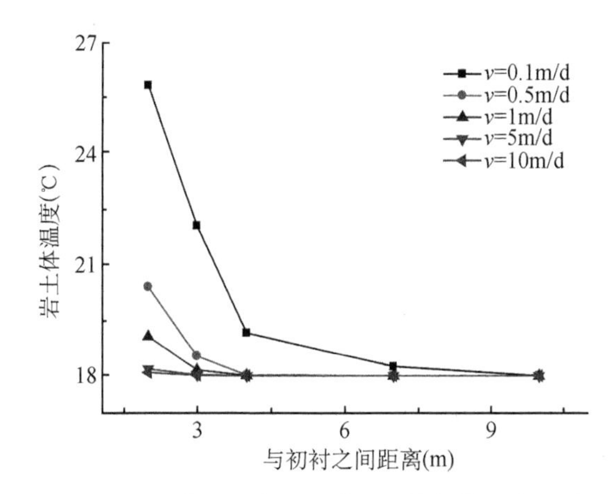

图 6.15　不同渗流速度下隧道衬砌换热器温度场对比图

由图 6.15 可得，随着渗流速度的增加，隧道衬砌换热器对周围围岩的温度场的影响深度不断减小，且温度增量也不断减小。当地下水渗流速度为 10 m/d 时，隧道围岩温度仅上升了约 0.1 ℃，表明隧道围岩地温基本保持不变，有利于地源热泵系统运行的稳定性。

6.5　地下水渗流作用下的地温恢复特性

地温的恢复特性是判断地源热泵系统运行稳定性的重要指标，地温的恢复有利于提高热泵系统的换热能力。计算在渗流速度为 1 m/d 情况下，能源隧道系统应运行 1、2、3、5、7 和 10 年后距离隧道表面不同深度处的地温变化情况，计算结果如图 6.16 所示。

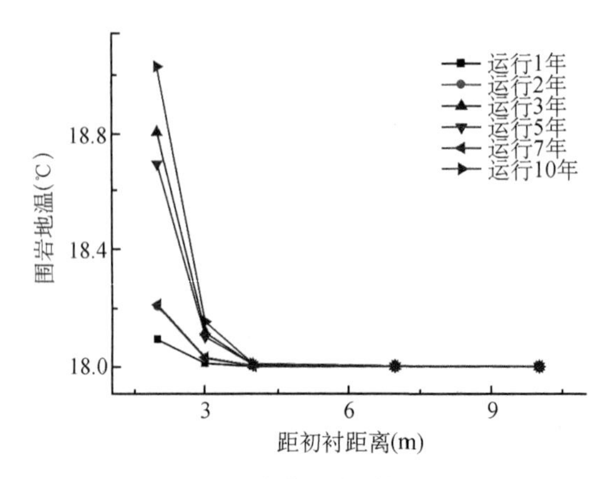

图 6.16　长期运行地温对比图

其次研究不同的渗流速度对地温恢复特性的影响，渗流速度分别取 0.5 m/d、1 m/d、5 m/d 和 10 m/d，保持模型中其他参数不变，系统运行 1 年，进行计算，结果如下图所示。

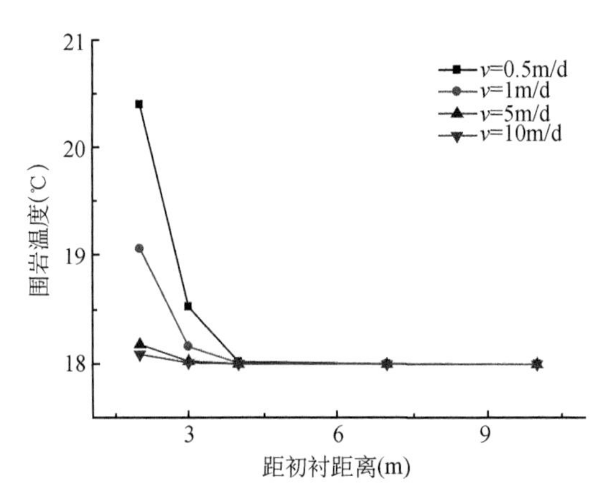

图 6.17　不同渗流速度地温对比图

地温的恢复特性主要取决于岩土体的热物性以及冬夏两季热负荷的匹配情况。本文采用的是冬夏两季负荷不等的情况，夏季负荷大约是冬季的三倍之多，这对冬季的换热是有利的，但同时也带来了夏季剩余热量的堆积，促使岩土体地温有增加的趋势，但是在有渗流的条件下，会减缓上升的趋势，由图 6.16 可以看出，围岩地温温度的累积大致是随着时间的推移而递增的，在运行 10 年时，距离衬砌表面越近，则围岩温度升高越多，距离初衬 2 m 处的地温大致上升了 1.5 ℃。

图 6.17 中，岩土体的地温都出现了上升的趋势，当 $v=1$ m/d 时，经过地源热泵系统一年时间的运行，岩土体地温上升了大约 1 ℃，虽然温度不是很大，但考虑到该系统安装以后需要运行十年乃至几十年之久，因此长时间的运行所导致的热量累积也会很

多,从而降低了夏季的每延米换热量。当渗流速度较大的时候,由于地下水能够带来大量热量也能够带走大量的热量,帮助传热,所以大流速的渗流使得围岩温度变化不大。

6.6 小结

通过建立三维能源隧道模型分析衬砌热交换系统的传热性能,模型将热交换管简化为线热源,衬砌和岩体采用固体传热,隧道二衬与洞内空气接触采用对流换热边界,换热系数通过经验公式拟合得到并将实测的随时间变化的空气温度施加在上面进行计算。首先将计算结果与实测隧道衬砌热响应试验现场监测数据进行验证,发现本模型可以很好地模拟换热系统运行过程中隧道及其围岩的温度场变化,从而证明了模型的可靠性。接着开展通风对能源隧道的影响分析:通风对围岩地温场有显著影响。热交换速率随对流换热系数的增大呈指数级增加,这有助于缩短设计中的热交换长度,降低系统的初始成本。每延米换热量随进水温度的升高呈线性变化,每延米换热量的增长速率随对流换热系数的增大呈指数级增加。最后研究了地下水渗流对隧道换热系统的影响:地下水渗流对围岩地温场有显著影响。地下水渗流速度越大,热量堆积的也就越少,每延米换热量越高,有利于隧道衬砌换热系统的平稳运行。地下水渗流可以将隧道周围的热量带走,使得热量传递更快,隧道周围地温场更加均匀,帮助地温恢复。

7　能源隧道应用案例

7.1　国外典型案例

7.1.1　意大利都灵市地铁 1 号线能源隧道案例

意大利皮埃蒙特大区都灵市地铁 1 号线南延段开展了现场能源隧道试验段[7, 14, 15]。为了测试新型能源管片衬砌(即配制热交换器的管片衬砌)的热性能,在正在建造的都灵地铁 1 号线南延线隧道中安装了新型能源管片衬砌段,现场试验段位于 Bengasi 站以北约 42 m 处,位于 Lingotto-Bengasi 段,如图 7.1 所示。都灵地铁隧道可以归类为偏冷隧道,即内部空气温度与地表温度相似,而列车快速运行对热性能的影响可以忽略不计。地铁 1 号线连接城市的西北部和东南部,从 Fermi 站到 Lingotto 多功能中心站,全长 13.4 km,设有 21 个站。鉴于都灵 2006 年冬季奥运会,该工程于 2000 年开始。2006 年,从 Fermi 站到 XVIII Dicembre 站第一部分开通,紧随其后的是第二部分,直至 2007 年开通的 Porta Nuova 站。通往 Lingotto 的线路的最后一部分已于 2011 年完成。位于城市南部地区的另外两个车站 Italia 61 计划服务于未来的皮埃蒙特地区总部和 Bengasi,目前正在建设中。

Lingotto-Bengasi 段的长度为 1.9 km,有 2 个中间通风井(PB1 和 PB2)和位于 Bengasi 站附近约 200 m 的末段的终端井(PBT)。终点站隧道将允许列车在 Bengasi 站后方倒转,即在车站本身和终点站竖井之间的部分。用 TBM 掘进机完成隧道开挖工作,TBM 掘进机长 100 m,重 400 吨,直径 7.76 m,隧道开挖发生在地下水位以下。隧道的平均深度在 16～20 m 范围内。隧道衬砌厚度为 30 cm,每个衬砌环由 6 个预制混凝土段制成。每个衬砌环长 1.4 m,内径为 6.88 m。地下水位在 11.70～12.40 m 的深度处,并向东流向 Po 河,平均速度为 1.4 m/d,如图 7.2 所示。

能源隧道的原型试验包括两个能源环(如图 7.1 所示),两个能源环完全热激活并配备了地面热交换器和空气热交换器双重配置,总纵向长度为 2.80 m。能源环(环 179 和

180)被放置在距离车站入口约 42 m 处的位置。外拱线上布置约 116 m /环的管道，内拱线上布置约 110 m /环的管道。现场试验采用加热模式，试验持续 7.82 d，目标温度为 45 ℃，流量为 1.3 m^3/h，循环液体流速为 0.90 m/s。

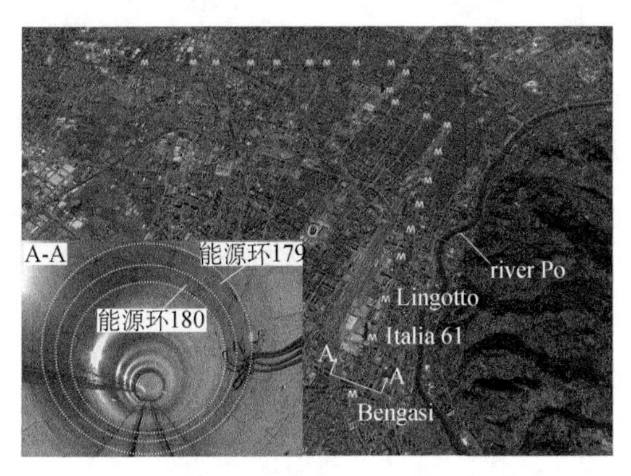

图 7.1 都灵地铁 1 号线的地图及地铁 1 号线 Enertun 试验场地图[7]

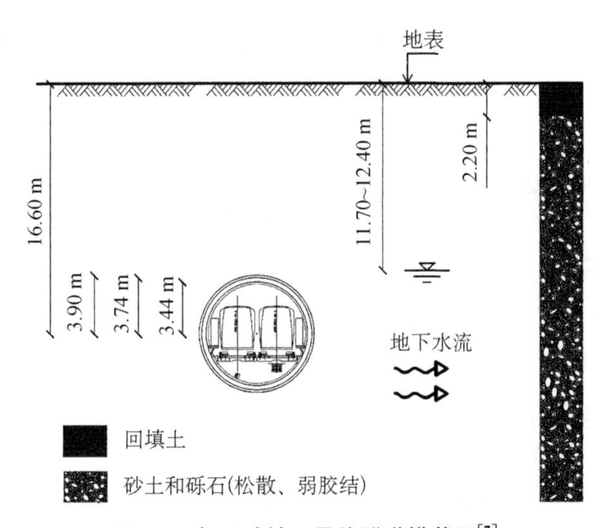

图 7.2 都灵地铁 1 号线隧道横截面[7]

隧道能源管片衬砌段的现场制作流程详见图 7.3。隧道温度传感器的布置如图 7.4 所示。T1 测量隧道内部温度，T2 和 T3 测量靠近能源环(由配制热交换器的管片衬砌段组成)的入口/出口地面温度，T4 和 T5 测量靠近能源环(由配制热交换器的管片衬砌段组成)的入口/出口空气温度，T6 测量上游地下水温度。

该现场试验能源环能够反应能源隧道的实际工作性能，同时可以检测能源隧道的热性能和衬砌的结构性能。能源隧道采集的数据分析表明其具有较好的热性能和热效率。在距离隧道轮廓 10 m 处的地下水流温度变化对周围地面的影响在 5 ℃以内，并在

图 7.3　隧道能源管片衬砌段的制作流程[7]

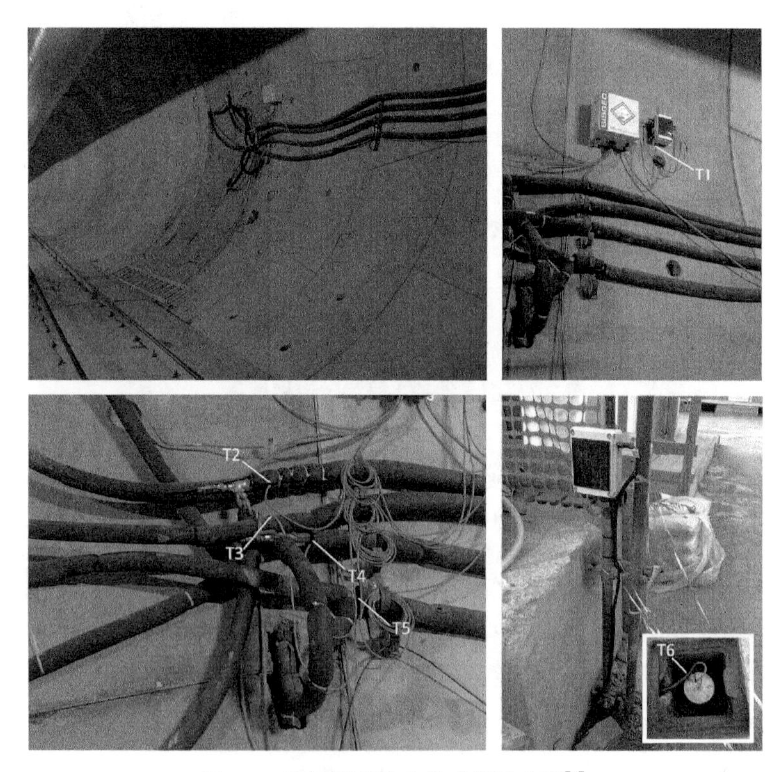

图 7.4　能源隧道温度传感器的布置[7]

全年循环后完全恢复。由于意大利都灵市存在有利的地下水流动条件，地下水的存在可以有效地提高能源隧道取热效率和排热效率。试验结果表明每平方米提取的热功率等于 51.3 W/m^2，该数字与研究者先前的数值模拟预测结果相符。这意味着理论上可以利用热激活能源隧道每千米 1.1 MW 的热功率，这相当于 480 个 100 m^2 的公寓所消耗的能量。通过计算得到能源隧道管片衬砌段所需的额外成本不到项目总成本的 1%；在满足相同的能源需求时，能源隧道比具有地源热泵的垂直桩所耗费的费用低 41%。

7.1.2 奥地利能源隧道案例

奥地利第一个能源隧道案例是在明挖法隧道中进行的现场试验[4]，这是奥地利政府资助的一项示范工程，该试验工程用六台地源热泵将提取的地热能为附近一所学校供暖。该能源隧道包括 59 个钻孔桩，桩的直径为 1.2 m，平均桩长约为 17.1 m，热交换管为 HDPE 管，该能源隧道的钻孔能源桩含有 80 个热交换管路单元结构，桩内热交换管总长度为 9 709 m，连接线路总长为 13 754 m。初步计算结果表明，在长期供暖的情况下，该试验工程能提供 150 kW 功率的热能，一个供暖季度可提供 2.14×10^5 kWh 的能量。从而可使天然气的使用量每年减少 34 000 m^3，二氧化碳排放量每年减少 30 t，与传统的靠燃烧天然气供暖的方式比较，可使学校用作取暖的费用每年降低 10 000 美元。

此外，另一个奥地利能源隧道的应用案例是 Lainzer 隧道[5]，在 Lainzer 隧道 LT22 区也修建了一个能源隧道的现场试验段（如图 7.5 和图 7.6 所示），以研究能源隧道技术在新奥法隧道中的应用。该试验段设计有取暖和制冷双重功能。在该试验段

图 7.5 带有连接管的四个热交换吸收管回路图[5]

图 7.6 奥地利 Lainzer 隧道 LT22 区[5]

中，首次使用了能源土工布，能源土工布布置在隧道初期支护与二次衬砌之间，既可以作为热交换构件，也可以当作防水材料。能源土工布的发现，使得隧道中的热交换构件能批量化生产，大大降低了施工难度，加快了施工进度。奥地利 Lainzer 隧道 LT22 区的试验段长期运行后，隧道安装的能源土工布产生了良好的经济效益。

7.1.3 德国能源隧道案例

2007 年 11 月，在德国一条新的高速铁路隧道的四环中安装了换热器管片衬砌段，隧道施工期间，五个换热器管片衬砌段连接在一起并安装在隧道上[6]，如图 7.7 所示。

图 7.7 德国 Katzenberg 隧道现场图[6]

能源隧道的衬砌通常是由预制混凝土段组成，通常形成宽 1.2 m 的环状结构，能源的管片衬砌是将直径约 20 mm 的聚乙烯热交换管嵌入普通管片衬砌内部，长度为 20～30 m 的换热管以蜿蜒的方式布置于在每个衬砌管片中，如图 7.8 所示。随后，在隧道开放使用之前，使用临时热泵和监测系统将它们激活以进行现场试验，现场试验时间为 2009 年 5 月至 2009 年 9 月。该能源隧道成功应用后，取得良好的效果。接着，相关研究学者将这种新型带换热器的衬砌管片系统应用在奥地利的一个高速铁路 Jenbach 隧道上。

图 7.8 管片衬砌现场制作图[6]

7.2 国内典型案例

为了实现既能根除隧道病害又能节省能源消耗的目的，将地源热泵与隧道工程结合，将利用地温能的隧道加热系统应用于寒区隧道的防冻。以扎敦河隧道为例，其位于内蒙古自治区牙克石市免渡河镇。扎敦河隧道设计为双洞分离式，左幅全长 2.515 km，右幅全长 2.525 km。隧道区位于欧亚大陆中纬度偏高地带，属于温带大陆性半干旱草原性气候。冬季寒冷漫长，夏季温凉短促；春季干燥风大，秋季气温聚降，霜冻早。历年最高气温 36.5 ℃(1969 年)，最低气温－46.7 ℃(1970 年)。多年平均风速 3.3 m/s，平均最大风速 18.6 m/s，历年最大风速 29 m/s。多年平均无霜期 95 d，最大冻结深度为 2.2 m。

隧道位于可供地源热泵利用的恒温层中，将隧道围岩作为热源，将热交换管埋设在隧道初衬或二衬中，以隧道结构作为热交换器，通过隧道基础或衬砌从周围地层中获取地温能，实现对隧道洞口段的加热。扎敦河隧道以隧道初衬作为热交换构件，将热交换管埋设于隧道初衬和复合式防水板之间，吸收隧道围岩的地温能，隧道施工热交换管现场布置如图 7.9 所示。图 7.10 为寒区公路隧道地源热泵型供热系统三维图。该系统由取热段、供热段、热泵和分、集水管路组成。取热段位于隧道中部，由埋设于隧道初衬和复合式防水板之间的热交换管路（PE 管）组成；供热段位于隧道洞口处，由安装于二衬

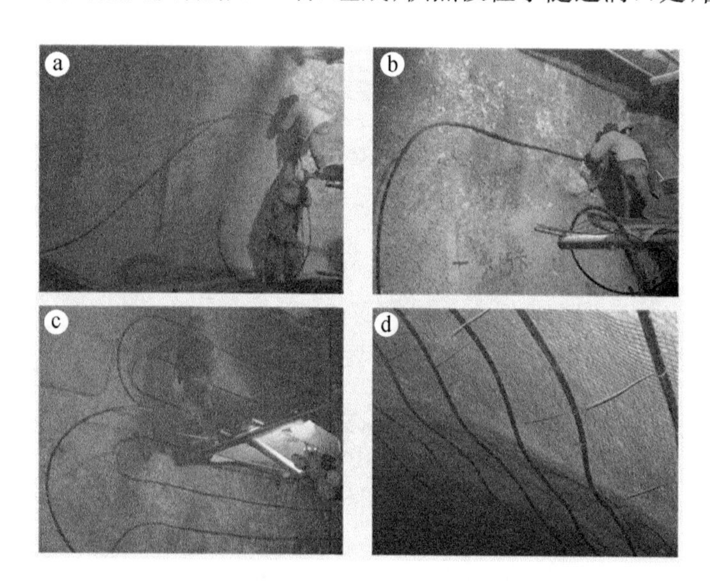

图 7.9　隧道施工热交换管现场布置图[9]

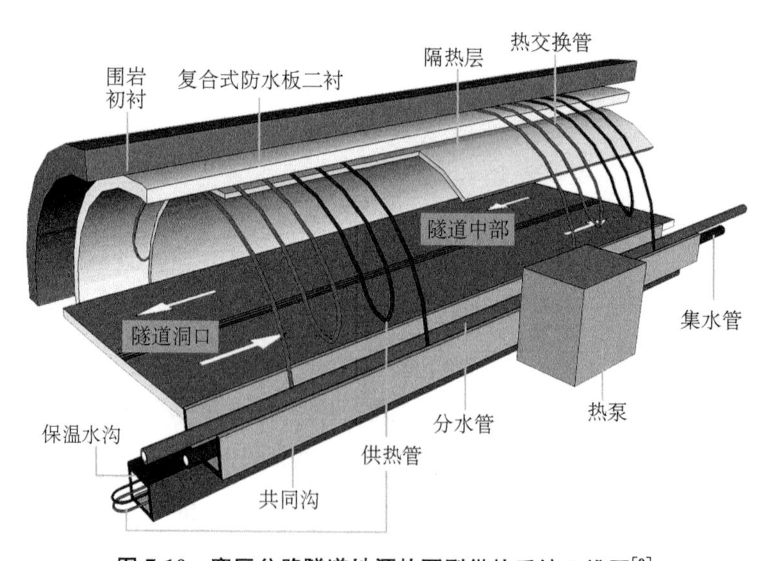

图 7.10　寒区公路隧道地源热泵型供热系统三维图[9]

与隔热层之间的供热管和保温水沟内的供热管路组成。系统工作原理如下:热交换管由分、集水管与地源热泵前端相连,形成封闭系统,系统内注满循环介质(含防冻液),在水泵的驱动下,热交换管内的循环介质在管内循环流动,吸收围岩中的地温能,经地源热泵对其提升后,用于加热与地源热泵末端相连的供热管内的循环介质,对隧道衬砌及保温水沟进行供热。

扎敦河试验段取热段取 200 m,加热段取 75 m。扎敦河隧道取热段距离洞口 600 m,由 20 组热交换管组成,每组热交换管的管长为 320 m,热交换管的间距为 0.5 m,采用串联纵向布置,热交换管采用直径 25 mm 的 HDPE 管,管内热交换介质的流速为 0.6 m/s,管内传热循环介质应添加防冻液;隧道洞口加热段由 50 组供热管组成,每组供热管长度为 120 m,供热管采用直径 20 mm 的 PE-RT 地暖管,洞口至洞内 30 m 区间内供热管间距采用 20 cm,洞内 30～75 m 区间内供热管间距采用 30 cm,供热管采用串联横向布置。隧道洞口保温加热水沟长度为 100 m,沿隧道左右两侧布置,左右两侧各 1 组供热管路,供热管路采用并联纵向布置,每组供热管路由 3 根供热管组成,沿沟壁和沟底均匀布置,每根供热管长 100 m。供热管路内的传热介质需要添加防冻剂,流速为 0.6 m/s。在整个供热期间,每延米热交换管的换热量为 46.66 MJ;由于热交换管的间距为 0.5 m,每平方米上有两根热交换管所以每平方米围岩的取热量为 93.32 MJ/m^2。

7.3 小结

能源隧道的快速发展是地热能开发利用技术进一步在实际工程中的推广和应用。在全球范围内,如德国、奥地利、意大利、中国、韩国等国家,已开展能源隧道的相关研究工作和实际工程应用。目前,能源隧道技术在地铁隧道和山岭隧道中的应用充分展示出良好的经济效果和环境效益,这为能源隧道进一步研究、发展和应用提供了坚实的基础和经验支撑。

(1) 意大利学者在意大利皮埃蒙特大区都灵市地铁 1 号线南延段开展了现场能源隧道试验,通过现场试验数据分析表明其具有较好的热性能和热效率,由于都灵市地下水较为丰富,可有效提高能源隧道的取热效率和排热效率。

(2) 奥地利学者在明挖法隧道中进行了能源隧道现场试验,该项目是奥地利政府资助的一项示范工程,该试验工程用六台地源热泵将提取的地热能为附近一所学校供暖,结果表明能源隧道产生了良好经济效益。此外,奥地利能源隧道的另一个应用案例是在 Lainzer 隧道 LT22 区修建了一个能源隧道的现场试验段，以研究能源隧道技术在新奥法隧道中的应用，在该试验段中，首次使用了由热交换管组成的能源土工布。

（3）在德国的 Katzenberg 高速铁路隧道选取一段作为能源隧道的试验段，在试验段安装了新型带换热器的衬砌管片系统，并在隧道通车后进行试验监测，取得了良好的效果。相关研究学者将这种新型带换热器的衬砌管片系统应用在奥地利的一个高速铁路 Jenbach 隧道上。

（4）中国研究学者将能源隧道技术应用在山岭隧道中，他们将利用地温能的隧道加热系统应用于寒区隧道的防冻。在扎敦河隧道进行了现场试验，并取得了良好的效果，为寒区隧道中推广应用能源隧道技术提供重要参考作用。

参 考 文 献

[1] 夏才初，张国柱，孙猛.能源地下结构的理论及应用：地下结构内埋管的地源热泵系统[M].上海：同济大学出版社，2015.

[2] 吕塞・拉卢伊，何莉塞・迪・唐纳.能源地下结构[M].孔纲强，译.北京：中国建筑工业出版社，2016.

[3] 夏才初，曹诗定，王伟.能源地下工程的概念、应用与前景展望[J].地下空间与工程学报，2009，5(3)：419-424.

[4] Brandl H. Energy foundations and other thermo-active ground structures[J]. Géotechnique, 2006, 56(2): 81-122.

[5] Adam D, Markiewicz R. Energy from earth-coupled structures, foundations, tunnels and sewers [J]. Géotechnique, 2009, 59(3): 229-236.

[6] Franzius J N, Pralle N. Turning segmental tunnels into sources of renewable energy[J]. Proc ICE-Civil Engineering, 2011, 164: 35-40.

[7] Barla M, Di Donna A, Insana A. A novel real-scale experimental prototype of energy tunnel[J]. Tunnelling and Underground Space Technology, 2019, 87: 1-14.

[8] Zhang G Z, Xia C C, Yang Y, et al. Experimental study on the thermal performance of tunnel lining ground heat exchangers[J]. Energy and Buildings, 2014, 77: 149-157.

[9] 张国柱.寒区隧道地源热泵型防冻保暖系统传热理论研究[D].上海：同济大学，2011.

[10] Zhang G Z, Guo Y M, Zhou Y, et al. Experimental study on the thermal performance of tunnel lining GHE under groundwater flow[J]. Applied Thermal Engineering, 2016, 106: 784-795.

[11] Lee C, Park S, Won J, et al. Evaluation of thermal performance of energy textile installed in Tunnel[J]. Renewable Energy, 2012, 42: 11-22.

[12] Yang C, Peng F L, Xu K, et al. Feasibility study on the geothermal utility tunnel system[J]. Sustainable Cities and Society, 2019, 46: 101445.

[13] Frodl S, Franzius J N, Bartl T. Design and construction of the tunnel geothermal system in Jenbach/Planung und Bau der Tunnel-Geothermieanlage in Jenbach [J]. Geomechanik und Tunnelbau, 2010, 3(5): 658-668.

[14] Barla M, Di Donna A, Perino A. Application of energy tunnels to an urban environment[J].

Geothermics，2016，61：104-113.

[15] Insana A，Barla M. Experimental and numerical investigations on the energy performance of a thermo-active tunnel[J]. Renewable Energy，2020，152：781-792.

[16] Cousin B，Rotta Loria AF，Bourget A，et al. Energy performance and economic feasibility of energy segmental linings for subway tunnels[J]. Tunnelling and Underground Space Technology，2019，91：102997.

[17] Lee C，Park S，Choi HJ，et al. Development of energy textile to use geothermal energy in tunnels [J]. Tunnelling and Underground Space Technology，2016，59：105-113.

[18] Ogunleye O，Singh RM，Cecinato F，et al. Effect of intermittent operation on the thermal efficiency of energy tunnels under varying tunnel air temperature[J]. Renewable Energy，2020，146：2646-2658.

[19] Zhang G Z，Xia C C，Sun M. A new model and analytical solution for the heat conduction of tunnel lining ground heat exchangers[J]. Cold Regions Science and Technology，2013，88：59-66.

[20] Zhang G Z，Xia C C，Zhao X，et al. Effect of ventilation on the thermal performance of tunnel lining GHEs[J]. Applied Thermal Engineering：Design，Processes，Equipment，Economics，2016，93：416-424.

[21] Zhang G Z，Liu S Y，Zhao X，et al. The coupling effect of ventilation and groundwater flow on the thermal performance of tunnel lining GHEs[J]. Applied Thermal Engineering，2017，112：595-605.

[22] 张国柱，夏才初，马绪光，等.寒区隧道地源热泵型供热系统岩土热响应试验[J].岩石力学与工程学报，2012，31(1)：99-105.

[23] 张国柱，张玉强，夏才初，等.利用地温能的隧道加热系统及其施工方法[J].现代隧道技术，2015，52(6)：170-176.

[24] 张国柱，夏才初，孙猛，等.寒区隧道地源热泵型供热系统取热段温度场解析[J].岩石力学与工程学报，2012，31(增2)：3795-3802.

[25] 张国柱，夏才初，孙猛，等.隧道地源热泵供热系统加热段隔热层厚度及热负荷计算[J].岩石力学与工程学报，2012，31(4)：746-753.

[26] Blackwell J H. The Axial-Flow Error in The Thermal-Conductivity Probe[J]. Canadian Journal of Physics，2011，34(4)：412-417.

[27] Ingersoll L R，Plass H J. Theory of the ground pipe heat source for the heat pump[J]. ASHVE Transactions，1948(47)：339-348.

[28] Akrouch G A，Sanchez M，Briaud J L. An experimental，analytical and numerical study on the thermal efficiency of energy piles in unsaturated soils[J]. Computers and Geotechnics，2016，71：207-220.

[29] Lai Y M, Liu S Y, Wu Z W, Yu W B. Approximate analytical solution for temperature fields in cold region circular tunnel[J]. Cold Region Science and Technology,2002,34:43-49.

[30] 张耀,何树生,李靖波.寒区有隔热层的圆形隧道温度场解析解[J].冰川冻土,2009,31(1):113-118.

[31] Krarti M, Kreider J F. Analytical model for heat transfer in an underground air tunnel[J]. Energy Conversion and Management, 1995, 37(10): 1561-1574.

[32] Takumi K, Takashi M, Kouichi F. An estimation of inner temperatures at cold region tunnel for heat insulator design[C]. Structural Engineering Symposium, 2008, 54A: 32-38.

[33] Sheikh A H, Beck J V. Temperature solution in multi-dimensional multi-layer bodies[J]. International Journal of Heat and Mass Transfer, 2002, 45: 1865-1877.

[34] Ozisik M N, Heat Conduction[M]. New York: John Wiley & Sons, 1980.

[35] 乜风鸣.寒冷地区铁路隧道气温状态[J].冰川冻土,1988,10(4):450-453.

[36] 孙文昊.寒区特长公路隧道抗防冻对策研究[D].成都:西南交通大学,2005.

[37] 陈建勋,昝勇杰.高寒地区公路隧道防冻隔温层效果现场测试与分析[J].中国公路学报,2001,14(4):75-79.

[38] 陈建勋,罗彦斌.寒冷地区隧道防冻隔温层厚度计算方法[J].交通运输工程学报,2007,7(2):76-79.

[39] Lu X, Tervola P, Viljanen M. A new analytical method to solve the heat equation for a multi-dimensional composite slab[J]. J. Phys. A: Math. Gen, 2005, 38(13): 2873-2890.

[40] Lu X, Tervola P, Viljanen M. Transient analytical solution to heat conduction in multi-dimensional composite cylinder slab[J]. International Journal of Heat and Mass Transfer, 2006, 49(516): 1107-1114.

[41] Lu X, Viljanen M. An analytical method to solve heat conduction in layered spheres with time-dependent boundary conditions[J]. Physics Letters A, 2006, 351(415): 274-282.

[42] Defraeve T, Blocken B, Carmeliet. Convective heat transfer coefficients for exterior building surfaces: existing correlations and CFD modelling, Energy Conversion and Management. 2011, 52: 512-522.